CARE
Good Care ,
Good Living

CARE
Good Care ,
Good Living

CARE
Good Care ,
Good Living

CARE
Good Care ,
Good Living

CARE
Good Care ,
Good Living

care 41
SOS，3C成癮怎麼辦

作　　者：葉啟斌
責任編輯：劉鈴慧
美術設計：張士勇
封面設計：張士勇
校　　對：陳佩伶

法律顧問：全理法律事務所董安丹律師
出版者：大塊文化出版股份有限公司
台北市10550南京東路四段25號11樓
www.locuspublishing.com
讀者服務專線：0800-006-689
TEL：(02) 8712-3898　FAX：(02) 8712-3897
郵撥帳號：18955675　戶名：大塊文化出版股份有限公司
版權所有　翻印必究

總經銷：大和書報圖書股份有限公司
地址：新北市五股工業區五工五路2號
TEL：(02) 89902588 (代表號)　FAX：(02) 22901658
製版：瑞豐實業股份有限公司

初版一刷：2016年1月
定價：新台幣320元
ISBN：978-986-213-680-5
Printed in Taiwan

SOS，3C成癮怎麼辦

作者：葉啟斌

目錄

序

虛擬中的實在
現實中卻陌生遙遠

張德明 / 臺北榮民總醫院院長

　　網路，綿延伸展、無遠弗屆，鋪陳了一個你我未曾經歷過的世界。人們在虛擬環境中感覺實在，反而在現實環境中陌生遙遠。

　　啟斌是國防醫學院畢業，曾任三軍總醫院兒童精神科主任，並已升任精神醫學部主任，一直以來關心青少年心理健康，是國內乃至國際普遍認可的專家。他以預防勝於治療的觀念，指出許多實際在周遭發生的狀況，並提出警語和規避之道，使本書更值得閱讀、深思，並據以改進。

　　現實社會中，人們開發網路、設計網路、習慣網路，終受困網路。啟斌以其專業和經驗，傳輸正確的觀念、知識，教導我們如何脫困網路，並駕馭網路。

　　這是一本深合時宜的好書，值得推薦，並樂為之序。

科技便利的另一面
往往違反了基本人性

司徒惠康／國防醫學院院長

　　網路縮短了人與人的距離，網路也阻隔了人與人的交流。科技的進展帶來許多便利，隨著許多發明及創新產品的到來，人類進步到前所未想、前所未見的境界。

　　然而人類必須體會；科技便利帶來的另外一面，往往違反了基本的人性，也可能對人類帶來空前未有的傷害。舉目所及，我們生活的許多場景與角落，始終是一群群埋首手機、指遊網際的「低頭族」，不再有人在公車上欣賞窗外的街景，家人、朋友間的問候與關懷變成小小視窗裡的「程式」與「指令」，人與人間交流所需的眼神、聲音、表情、碰觸及溫度，都隨著網路的使用而快速消失中。

　　啟斌教授是國防醫學院兒童精神專家，曾經獲公

費獎助，於美國耶魯大學兒童研究中心進修，他細膩地刻劃出在臨床服務，及在社區、學校甚至是家庭所看到一幕幕驚人的3C成癮所帶來的問題，並根據其專業的見解提出看法，值得現在為人父母、師長，甚至是伴侶所閱讀。

速食的文化，因為網路而成為現代人的生活習慣，大海似的知識，現代人應該如何看待而避免被操弄？到底應該追隨社群網站大眾的意見？還是怎樣的深入思辨及堅持己見？是現代人在網路的世界裡最應該學習的自處之道。

個人極力推薦大家細細體會文章中的案例，並用結合臨床知識與實務的心情看待，肯定能有許多收穫。

享受網路便利
但身心需可自主

高淑芬 / 臺大醫學院精神科教授

臺大醫院精神醫學部、基因醫學部主任

　　記憶中，是從實習醫師時開始有電腦 (Windows) 可以做一般文書處理，印象深刻的是，住院醫師時申請台灣大學 Email 帳號，還被告知是台大醫院第一位申請者，我自此享受電腦透過網際網路所帶來不論是查資料、準備報告、撰寫或修改論文、聯絡、社交等等的便利性。網路的使用日趨普遍，確實提升了各行業的工作效率，但又有多少人因網路的方便性受惠而不受害呢？

　　從事精神醫療服務超過 25 個年頭，見證網路為現代社會帶來的方便，另一方面卻又發現愈來愈多人深受其害。捷運上、馬路上、上課時、吃飯時、和別人交談時，大人小孩們人手一支手機，埋頭不語、抑或

是自言自語呵呵笑著，甚至無視他人的存在。回想過去的時代，這些行為都會被認為不尋常，需要進一步評估，然而，現在已成為司空見慣的現象。

　　網路的便利，看似讓人們拉近了彼此的距離，卻也導致我們忽略了身旁家人朋友的交往相處，因沉迷網路造成自身及家人困擾，而前來就診的病患，確實在近年迅速增加。我的個案告訴我，生活的壓力讓他們想逃，逃入網路中的虛擬世界，可以獲得短暫的釋放，帶給他們快樂和朋友，網路遊戲也是他們成就感的來源，久而久之，上課就更加變成一件多餘的事情。

　　他們會問：「到底為何要上學？」這正是我所擔心——學校更加沒有吸引力！和網路的聲光刺激、立即滿足相比較，坐在教室的確很枯燥，也很折磨，但這些因為適應困難、原本就需要被幫助的小孩，更容易被3C產品所吸引，更加對於一般課業的學習、面對面的同儕互動、家人相處、運動、戶外活動逐漸失去興趣，甚至因為依賴，影響正常作息，食衣住行受到影響，情緒失控、認知思考扭曲，為了使用手機的問題與家人甚至是師長爭執，然後他們繼續逃離真實社會，

惡性循環。

　　有一群人，本來就不善於社交，長期沉溺於虛擬世界裡，更無法與現實生活中的人互動，他們無法同理他人，自我中心，也不讓同儕或家人進入他們的內心世界，更遑論讓他們離開虛擬世界去接受治療。令我憂心的還有網路和3C產品，也改變了養兒育女的方式。

　　記得我從小培養孩子看故事書、運動、玩玩具、看話劇、做美勞，孩子是到了大學才有手機；轉眼間，新一代的父母竟然開始使用iPad來教養幼兒，網路與行動電話的結合，也深深影響兩性的互動模式及家人的關係。我正在思考如何找到一本不同於坊間翻譯如教科書般，能深入淺出地讓沉迷網路的人及身受其害的親友，看得下去的一本書；沒想到葉啟斌醫師依據他十多年的臨床觀察及研究經驗，深刻描寫網路成癮的現象以及精闢論述，讓我一氣呵成、連夜閱讀兩遍，這是我異常忙碌的生活中，相當罕見的情況。

　　我很少能為書寫序，還閱讀兩遍原稿。我相信即使是平日對閱讀沒有興趣，甚至沉迷於網路的人也能

深深被它吸引。很少臨床醫師能以這麼淺顯易懂、筆觸細膩動人的方式，將嚴肅的主題做出最貼切、且老少咸宜的詮釋。記得啟斌在台大兒童心理衛生中心訓練半年，剛好遇到學童自然科學才藝班爆炸事件，那幾週他跟著我針對燒傷的患童、家屬及老師，進行個別及團體處遇和治療，記錄詳實、觀察入微，奠定其近二十年對兒童青少年精神醫學的臨床及研究的熱情耕耘。

　　我很感動，啟斌在擔任三軍總醫院精神醫學部主任百忙之中出書，這本書不但可以嘉惠專業的醫療人員、助人工作者、老師、家長及個案，而且適合一般大眾閱讀，讓我們能在享受網路所帶來工作、就學、娛樂、社交方便性的同時，身心仍可自主，不受網路所控制，預防成為受災戶。

　　我讀這本書好幾遍，希望生活在同個網路世界中的您，也能深刻感受這本書的魅力而有所啟發。

你家，也是網路受災戶嗎

葉啟斌 / 自序

　　適逢科技的來臨與演進，在過去 20 年的臨床服務中，我目睹了從任天堂、XBOX 等日、美商業對抗下，我們國家的孩童受到的影響，一直到現在 Apple 產業比三星的勝出，甚至小米到淘寶網的華人時代，網路與科技始終在我們的四周興風作浪，匯成一股難以抵擋的潮流，我們準備好應變了嗎？

　　在家庭訪問中，我發現為何孩子得到「拒學症」。

　　在學校做青少年心智健康篩檢與服務時，我也驚覺到了為何國高中生白天上課打瞌睡、晚上不睡覺，產生「無動機症候群」。

　　在門診做婚姻諮商時，發現另一半為何半夜還在網上流連，原來「網路小三」的存在是主因。

　　在治療整天愛生氣、不耐煩的「嚴重情緒失調」

患者時，也進一步了解到上網與情緒的關聯性。

　　隨著新聞事件的層出不窮，社會大眾也開始瞭解到了「小丑掃射事件」、「隨機殺人事件」、「小模霸凌事件」……到「網軍」在各種抗爭中的結集，引領社會大眾討論真相。但另一股反科技勢力，則強調回歸自然、無毒、以人為本的慢活步調，也逐漸為人重視，到底我們該如何自處呢？

　　不知不覺中，我們的下一代已經在嬰兒時期，就有機會滑手機了，到底這樣的影響是什麼？我們有能力抗拒這股科技勢力嗎？

　　當你看見你的另一半，在燭光晚餐中看著手機而不斷竊笑，你該覺得該開心他找到了興趣與嗜好？還是該煩惱你倆的感情會不會隨這燭光明滅黯淡而去？

　　你該抵擋網路消費的習慣嗎，還是已經放心的逛、毫不手軟的買，已經習以為常？

　　這樣子的天南地北穿梭網路瀏覽，對我們認知功能，會有什麼影響？你真的一點都不在意嗎？

　　網路上的主流意見難道都是對的嗎？為何一旦有不同的意見時，開始就被人起底、人肉搜索，甚至最

後變為眾矢之的、無處躲藏的窘境？

　　從發展心理學角度來看,「用進廢退」與「習慣心理學」是神經可塑性的理論基礎,但——

　　當長期沉浸在網路的高度刺激下,我們的腦部會不知不覺地習慣速食的環境,喜歡快速被滿足,不堪久候,可是如果結果不符合期望的時候,這個落差就會引起情緒上快速的變化,可能會衍生氣憤,甚至與人衝突的問題。

　　網路上所強調的虛擬環境,讓人在隱匿身分的情況下可以暢所欲言,未來講話或做事負責任的態度,就少有機會被養成,網路上的環境很難有機會窺得對方的全貌,更遑論從別人的一言一行,去觀察人的想法與心情,長期下來,很難會有好的同理別人的能力。我們知道網路科技的便利性,可是這些網路使用行為背後對我們的影響,你可曾想過?

　　預防重於治療,我們希望大家能夠在邁開第一步,開始使用網路時,已經對於網路使用有一個全貌的認

識，並從中學習到可能對我們的影響，加以適當控制，而已經過度使用網路者，我們發現，要減低他們使用網路的確是件困難的事情，我們只能提供一些思索的方向與指引，以及轉介專家協助的時機，在你我被網路環環包圍的科技時代下，許多電影情節中所模擬的機器人與人類的戰爭，其實已經在你我的身邊，如何突破重圍，進而主導網路的使用，就看你如何「駕馭」使用網路了。

第一章

拒絕上網，談何容易

邪靈戰神

　　2012 年，美國休學的醫學院學生 24 歲的詹姆斯，在科羅拉多州影城放映《黑暗騎士：黎明昇起》（The Dark Knight Rises）時，闖入電影院內舉槍掃射，造成 12 人死亡、58 人受傷。被捕後，詹姆斯自稱是《黑暗騎士》中蝙蝠俠的死對頭「小丑」（The Joker）；這起暴力凶殺，震驚全球。

　　太多凶狠殘暴的 3C 電玩，充斥著現代的社會，許多少年及青年終日與它們為伍，已經變成生活中的一大部分，可以說他們與這些兇狠戰神相處的時間，其實遠比跟他們的爸媽、手足、老師、同學多很多很多。所以不可忽視的是這樣的影響，將給他們帶來什麼樣的結果？是值得大家重視的。

當事情勝敗，是用殺戮來呈現結果時

在最新的研究顯示，迷戀電玩的人，大腦裡面的神經活動在視覺皮質區會活化，在理性控制區的活性會減弱，長期感官刺激的結果，這群重度使用暴力遊戲的人，可能已經生活在一個以視覺感官、想像的空間裡。他們的想像空間，比實際理性的現實環境重要許多，甚至有可能在未來，影響他的理性判斷，暴力成為大腦主宰的優勢能力。

想像一下，這些聲光活靈活現的殺戮畫面，血淋淋的結局，是帶來了情緒的抒發？還是帶來痛快與高人一等的優越感？當勝敗的結果是用殺戮來作呈現的時候，我們不禁會懷疑，文明這件事情是否又倒退到史前時代，只有殺戮和暴力能帶來歡愉及快樂。

在古代，是需要靠這樣生活才能夠生存下去。人和野獸的搏鬥，是為了求生存或換取食物、得到生存的空間。現代的人，的確對生活有許多的不滿，或許在殺戮的過程中可以得到許多的釋放。可是當過度使用這樣的機制，沉浸在這種狀態之下，我們不禁懷疑，

這些過度享受暴力遊戲的人，在街頭看見不滿的事物時，他腦中浮現的，會不會是另一個殺戮戰場？那他又要怎麼用他已經有限的理性腦區去抑制自己？又要怎麼去抑制過度活化的感官大腦皮質，想要藉由一場殺戮去暢快一下呢？

　　在門診發現，長期使用暴力型電玩的孩子們，很容易有暴躁、易怒，或者是跟長輩們衝突、唱反調的狀況，我們不禁擔憂，這樣的電玩遊戲，到底是帶來情緒的釋放？還是釋放後帶來更多負面的情緒？

　　這些孩子的情緒嚴重失調，遇到一點點挫折，就沒有辦法忍受，容易生氣、踹東西、甩門、講話很大聲，對於師長、爸媽所交代的事情，常常不願意配合、或激烈地反抗。他們思考速度很快，通常是個直腸子，想說什麼就說什麼，想做什麼就做什麼，幾乎不考慮後果。

　　臨床觀察發現，許多被帶來門診，有情緒障礙的青少年，有很高的比例同時使用暴力型電玩。當父母親開始了解到問題嚴重時，想要阻絕、禁止孩子繼續使用，卻帶來更嚴重的後果，孩子為了要繼續使用電玩，不斷地和父母衝突和爭執，有些孩子甚至拿刀威脅爸媽。

　　在門診聽到這樣的案例，常常令我膽戰心驚，到底是電玩影響他們？還是他們的情緒管控出了問題？當父母親坐在我的面前無助流淚時，我不禁在想，邪靈是戰神嗎？怎麼可以戰勝父母親十幾年的心血付出？戰神竟然只要花短短的時間，就攻無不克，擄掠了孩子們的心，爸媽的寶貝從此和戰神黏在一塊，和爸媽對立，他們的距離越來越遠。戰神，要怎麼樣才會放過我們的孩子？

暴戾的人格養成，未來可有回頭路走

　　從發展心理學來說，我們知道青少年階段，是一個追求自我，從原來要依賴父母的角色逐漸成熟，發展到有一個「自我」的形成。如果這個時候，給一個

青少年的是一個過度擴張的想像空間，或是一個恣意釋放、不受牽制、和現實脫節的行為模式，這樣的人格養成到未來，是不是有回頭路可以走？這時候，我不禁要問的是：

　　到底，電玩陪伴長大的青少年到成人，所養成的自我，和沒有電玩陪伴的人，他所養成的自我，有沒有不一樣？

　　從暴力的感官刺激，和恣意殺戮暴力中成長的青少年，是不是少了一些機會，能夠從現實生活中，他人的眼光或反應中，學會「尊重他人」的能力？

　　在社會化行為的養成中，我們的確需要有一些像是從鏡子中看自己的一個能力，稱為「鏡像神經元」。這些神經迴路所負責的功能是──去感受他人的痛、體會他人的感受。這些神經迴路的訓練，是需要在日

常生活中，藉由別人的言語或臉色，甚至是別人的肢
體，來告訴我們：「你所傳達的訊息，是不是別人喜歡
的？」

　　例如你今天講了一句話，可以從別人的壞臉色中
知道他不高興了；例如今天別人受傷了，你看到他的
表情，可以感同身受，知道他很痛。所以這樣的過程
中，讓這些神經迴路不斷地做修正、不斷的訓練，讓
人成為一個成熟，具有以互動、包容為基礎的一種行
為模式。

　　而今我們擔心的是：一個以自我為中心的青少年，
當他生氣的時候，還沒有接受過這樣的神經迴路訓練，
他在網路的世界裡，可以盡情地殺人，藉由別人的痛苦
來達到自己情緒的放鬆。那在真實世界裡，會不會造成
他沒有辦法像一般人，學會在釋放自我的同時，也要考
慮旁人的存在、並且尊重他人的感受？

　　當我看到來門診的青少年，用三字經幹譙他正在傷心哭泣的媽媽：「妳去死啦！」而且揮拳作勢要打媽媽的時候，我在想，他是不是完全沒有想到媽媽是多麼糾結而心痛？我們下一代的青少年們，如果都是這樣的話，在學校，老師要怎麼處理他們的問題？同學要怎麼跟他們互動？在家裡，爸媽、手足要怎麼跟他們相處？暴力，難道是電玩網路訓練出來的唯一解決情緒的方式嗎？

當商品可以速達橫掃全世界

　　阿里巴巴真是個生意人，不只是生意人，還是頂尖的心理學家，他還真能滿足許多需要撫慰的心靈！假設你開了家商店，透過網路，透過阿里巴巴淘寶網平台，那麼消費者的荷包，也通往你的荷包，這樣的天方夜譚，在現在的網路時代，是輕易可以被實現的。

　　有位來門診的黃小姐，口沫橫飛訴說自己是閃靈刷手：「一個月前網購來的百萬包包，還放在房間抽屜，從沒背出去過喔！」她接著比畫著自己的臉：「我的眉毛、眼尾紋，還有脖子的細紋，才花了七萬多塊錢擺平，這樣，會不會花太多錢？」她看似心虛，卻掩藏不住得意。我腦中浮現的是，她大腦裡面的衝動控制區，前額葉的眼眶部，負責衝動控制的部分，會

不會因她的醫美手術，而再度失控？

　　她跟我抱怨：「女兒都不理我，老公不愛我，婆婆虐待我，所以我不曉得要為什麼而活？只有在花錢買東西的那一刻，我的世界才會從黑白變彩色。」

　　衝動的控制，其實是要從小養成的。當你所需要的東西，不是那麼容易被滿足的時候，就學會了等待，就學會了要努力去達到目標，或是用努力去換取你所要的東西。可惜的是，網路滿足了我們，可以快速的看到想要的東西，可以快速隨手可得，只要按下鍵盤上的按鍵，想要的東西就進了你的購物車，宅急便隔天就可能送到你手上。可是不多加思考的麻煩在於——

　　你沒有感受到「付出的錢在哪裡」。

　　因為你根本沒有付錢的動作，甚至沒有看到錢，所以沒有辦法有一道剎車，可以讓你對衝動購物有所警

惕，再多想一下的機會，只因一心想著「我也要」擁有一個這樣的東西，卻漠視自己已經債台高築了。

被網路寵壞的大腦

像這位黃小姐，認為這一切都沒關係、無所謂，只要來找精神科醫師，最後開一張證明，拿去跟銀行做卡債協商，錢的事就有解。可是醫師給她的忠告，沒聽進去的是：妳的大腦已經被迅速滿足妳的網路，給寵壞了。那個被寵壞的大腦，總是想幹嘛就幹嘛，要什麼就立刻要有，當沒有被滿足的時候脾氣就來了，就覺得是全世界都對不起妳。

黃小姐最後進出精神病房多次，她被診斷出躁鬱症，每次情緒一來的時候，她就開始自艾自憐，覺得全世界都對不起她，想著、想著，她要報復別人，於是用個「要對自己好」的理由，上網瘋狂採購，還不斷自我安慰是佔到了便宜，事實上被坑殺的東西不計其數。

這些網路購物平台的設計人，似乎都被送去過學

行銷心理學，知道怎麼樣用最聳動的聲光誘惑，讓消費者難以自拔，不得不下手去「瞎拼」，或者讓消費者覺得「當下不買會死」的遺憾所捆綁。以至於有些人，只要一打開網路，頁面廣告不請自來時，有多少消費者能拒絕誘惑，不被欲念宰殺。

　　我擔心，現在快速成長的網路平台蔓延，如果沒有一個機制，可以去審核或者是防堵青少年們過度使用時，這些青少年的大腦，是不是又開始陷入一個快速被滿足的情境中？變得永遠只會要求別人，快速達到他的期望，學不會等待，或是努力去達到目標。

　　從心理學上來說，欲望的不滿足，可以藉由購物來彌補，是不是現代的人生活中很難感受到滿足？當心理層面一直是空虛的時候，是不是也只能藉由消費，物質上的滿足，來製造心靈上短暫的快樂？可是當成交的那一剎那，這樣的快樂又瞬間消失，當這樣商業化的社會，充滿著快速滿足的行為時，人要如何不被影響？

網購背後的本質

　　從孩童時期跟父母的關係來說，物質的確可以彌補孩童時期的關係，可以替代孩童時代沒有被滿足的心理，特別是關於空虛的彌補。所以小孩子特別喜歡買玩具或者是買糖果吃，可以擁有開心的感受。有些人更嚴重的是，從小就失去自我，或者是他們的自我不是這麼樣的成熟，在不斷成長的過程中，必須藉由外界的滿足來完成自我的追求。在這過程中，他們可能會遇到挫折、焦慮，甚至是心情沮喪，這時候在網路上可以快速的買個東西，或許就填補了這一份不愉快的感受。

　　信用卡的使用是另一波推波助瀾的利器，甚至有些病患恨得牙癢癢的說：「很想把信用卡剪掉，但是又離不開信用卡。」現在的網路平台又有新招，根本不需要信用卡，就可以直接消費。還有一群人是跟購買的文化有關係，他們接收了大量的廣告或者是接收了故事的洗禮，甚至是誤以為追求成功、追求快樂，是需要購買廠商所提供的產品，所以這樣的購物平台就應

運而生。

　　過去許多心理專家誤以為，網路上的購物是跟躁鬱症有關係，其實不盡然是，反倒是這種心理層面的滿足，減少了許多人孤獨的心，或者說有些人情緒起伏的時候，他藉由買東西來得到一個恆定的感覺，替代他破碎或不穩定的自我。但有趣的是，常常這些人在購買之後，隨之而來的是悔恨和憂鬱，特別是他們發現口袋空空的時候。在我門診常見到的是，這樣一個網路上購物的行為，雖然他們知道是有害的，但是卻一直無法控制，甚至到最後搞到破產者大有人在，甚至家庭破碎、丟掉工作、自殺也所多有，可惜這樣的議題並不被大部分人所重視，只覺得不過是購買東西有什麼大不了的。

　　過去的研究顯示，在接受治療的過程中，這些習以為常的購物行為，可以慢慢被自我所察覺，同時回想真

正心裡面的問題。

　　當認識自己這樣行為背後的本質，許多人反而會掉入一個過去問題本質的漩渦中，非常需要專家的協助，甚至有可能開始會比原來的脾氣更暴躁、不穩定，不知道自己在做什麼，需要一個恆定的關係，才能把他們從深淵裡帶領出來。

　　還記得這位黃小姐，當她的弟弟幫她還清了債務，隔年她又再犯，她的先生、她的弟媳婦，最後連她的弟弟都決定不再理她，要離她而去的同時，我看到黃小姐穿金戴銀的出現在我面前，流淚控訴只剩下醫師，還願意聽她說話。醫師能幫的，不會是金錢上的協助，只能像一棵大樹，攔阻在懸崖邊，不讓她掉下深淵；醫師只怕她人都徘徊在懸崖邊了，還拿著她的手機，卯起來購物。

無限想像空間的
性愛極度釋放

　　你曾經花很多時間在網路上，從事性幻想？

　　你曾經覺得自己在網路上，跟人有不可告人的超友誼關係？

　　你會常常從網路上，蒐集各種跟性有關的影音產品或 e-mail ？

　　你會發現，自己總是在網路上做這些跟性有關的活動，最後這些活動會影響到你的工作和人際關係，甚至是別人問你你有沒有做這些事時，你會感覺到很憤怒生氣或是很羞恥。過去發現，在網路上的性幻想或是網路上的性活動，不只是男生，女生也非常多。在門診裡，許多夫妻都因為太太上網，在網路上與許

多男生有不明的互動，甚至半夜都不睡覺而爭執。

不用擔心道德、背叛、風流「孕」事

網路上的性活動，可以說是有無限的想像空間來達到感官的極度釋放。過去以為，這些網路的性活動可以滿足一些缺乏自信心、或是現實生活中對於社交充滿焦慮、或是擔心暴露自己的缺點、或無法面對失敗的人，能有一個想像空間，許多不敢面對人群的人，或害怕自己真實身分曝光的人，藉由這個空間，可以無盡延伸超友誼關係，甚至是在保守觀念下，被桎梏的本我無法伸展之下，在這空間裡，被壓抑的自我，可以得到暫時的釋放。

這時候不用擔心道德約束，也不用擔心背叛的感覺，更不用擔心會有風流「孕」事。但隨之而來的，無盡延伸的背後，人的慾望還是無法就這樣被滿足，許多網友相約出去，或是討論各種性愛方式，衍生出各種社會悲劇。這時看到這些事件的主角，你不禁會大吃一驚，許多都是有頭有臉的人，也不乏政商名流、醫師、工程師、為人師表，這究竟是怎麼回事呢？

過去研究發現，大腦是會騙人的！

當用想像的性愛，和實際上的性愛相比較時，在腦部負責興奮的腦區都被活化了，兩者竟然沒有差異，甚至許多病患告訴醫師：「想像的性愛更無限制，不用考慮對方的感受，更能夠滿足自己，而達到無比愉悅的享受。」

麻煩的是在診間，常常有人搞不清楚，要跟異性有肌膚之親時，還是要一壘、二壘、三壘的循序漸進，而不是直接就可以先下手為強的。

我們發現，這類病人的衝動控制有明顯的損害；對性愛的想像空間，無限延伸到真實世界，忘了人與人是有界限存在的，異性的交往是有步驟的，要互相尊重，顧慮別人的感受。

許多因這樣分不清楚現實和想像的兩性關係，讓無辜的陌生人終生受害；還有一些受騷擾的女孩，永

遠擔心身邊的異性會不會再次伸出鹹豬手、熊抱手而惡夢連連。這些被法官最後判定需要來治療的病例中，當我們試著想辦法治療他們衝動的同時，針對行為快速滿足的問題也深度去了解，發現這問題與行為的背後，是跟過去長期在網路上的性活動有關係。

這樣的性活動雖然短暫滿足了生理的需要和內心的空虛，可是當他們回到現實生活中時，往往產生了適應不良的現象，誤以為速食主義是生活的常態，進而跨越了界線，帶給別人很大的傷害。我知道，他們說不是故意的，但到底錯在誰身上？是電腦嗎？是網路嗎？還是學校從小沒有教導異性的交往步驟？

為什麼親密愛人會輸給網路情人

身心科門診中非常多病患是因為失眠而來的，周小姐的失眠是用了許多的藥物都好不起來，經過轉介來門診的時候，我發現她不太擔心自己的失眠，反而是她的男友很在意。我想，可能他們兩人的關係是不是有問題，於是決定抽絲剝繭問她一下。原來周小姐失眠時，心情是開心的，這下奇怪了，因為男友說每

次要等周小姐一起睡覺，但是周小姐都睡不著，等著等著，男友就睡著了，周小姐就進入了另一個世界裡，在那裡，她覺得自由不受拘束，也覺得溫暖，我終於知道，周小姐為什麼睡不著了。

非常有趣的是，我們發現剛開始接觸網路上性活動的人，是因為好奇，但當接觸久了，有了熟悉的管道之後，就好像吸了嗎啡一樣，腦子都充斥著這樣的畫面和想像的空間。網路上的確有很多未開發的世界，也有非常多無盡想像的空間，也有非常多人不斷繼續在創造新奇、刺激的感官世界，甚至有很多不為人知的人性的另外一面。

在過去的研究中發現，人的大腦對新奇的事物最感興趣，發現這樣的新奇，或者平常不曾接觸的感官世界時，大腦的愉悅中樞會分泌出很多神經化學物質，其中之一就是大家熟知的多巴胺，而性愛的感官是眾多感官中釋放多巴胺的濃度最強烈的，一旦又是在網路上轉換不同的場域、想像不同的性愛，自然而然每天都可以讓大腦處於愉悅中，這也就是網路之所以迷人的理由。也就是為什麼愛人會輸給網路情人的理由，

當你發現枕邊人對你都沒有興趣的時候，你的小三可能就是，網路的他或她。

這些病人，我們讓他的衝動慢慢得以控制後，他的思慮才有機會漸漸沉澱，從不斷反芻的漩渦中，終於給他找到一點點的剎車。在我們大腦之內，扮演剎車的神經物質有很多，其中一個就是血清素。當我們提供一點點剎車的作用時，才能打破這樣的惡性循環，讓他重新有機會看清楚他自己在做什麼，他在這樣的沉溺中到底是得到還是失去？是愉悅還是罪惡？我們希望他能夠健康的表達自我，學會將內心的感受說出來，甚至接受被拒絕的風險。人和人的交往是需要時間互相了解的，不是網路這樣的快速連結，希望他們能夠分得清楚，從建立可達成的目標開始，讓他們了解，其實他們也是可以做到的。

我們說，人都是有機會找到另外一半的，縱使自己當自己的另外一半，也可以學著不孤獨的。當你的另外一半是電腦的時候，其實也不是那麼不好，但是，別忘了，現實的生活中，並不是每一個人都是網路中的虛擬對象。他們都是真真實實有機會陪伴你，聽你

說說話，或讓你聽他們說說話的對象。珍惜你身邊的
每一個人，有機會觀察他們的需要，別急著趕著回到
你的網路愛人身邊。愛是可以說出來，情是可以去培
養，日子久了就可以往下扎根、向上發芽，澆澆水、
曬曬太陽，感情就可以綿長久遠。

是「伸張正義」還是
「網路霸凌」

　　你絕對無法想像，有多少人在網路上被霸凌！門診裡，幾乎有三分之一的孩子，都曾經在網路上被攻擊或是誣陷的經歷，我們在處理這些所謂的「創傷後壓力症候群」時，大部分病人對過去所造成的傷害，是以實質上的身體傷害，或是經歷重大的創傷，而引起急性壓力反應。

　　喜歡白兔玩偶的小玫，因為不擅社交，讓她在學校裡處處遭到排擠，連說話的對象都沒有。午休時，只能躲到校園角落，和藏在書包中的白兔玩偶訴說委屈。後來有人在網路上公開她和白兔玩偶自言自語的影片，被大家冷嘲熱諷而自我封閉，變得不敢出門，

甚至不敢上學。小玫因為外表長得甜美，所以常常有男生主動來搭訕，惹得不少女同學不爽，在背後議論小玫與男生之間的閒言碎語，並且添油加醋的影射，逼得小玫不知自己哪裡做錯，從此不敢和人接近。她告訴我：「已經不知道要怎麼開口說話了？」

　　但是在這群被網路霸凌的族群裡，因為網路科技的普及，霸凌的行為透過這些媒介，例如網路PO文、Facebook、電子郵件等等方式，無論是在校園間蔓延，或者在職場同事間做傳播；更過分者，用許多難以入目、令人尷尬、移花接木的影像張貼，或口出惡言威脅恐嚇、充滿性暗示的字眼四處流竄。因為網路不易掌控傳播途徑，讓這樣的誤傳，百倍、千倍的被放大，網路的殺傷性在今日而言，更甚於過去經歷巨大創傷之後所造成的影響。以往，巨大的創傷所指譬如地震、火災、風災、車禍、暴力、強暴等，身體傷害都會過去，可怕的是網路上的這些圖片、影片、PO文，是永遠都不會消失的。

期待在網路世界也受到認同的加害者

現在網路上所謂的「網軍」，集體率性的大肆「人肉搜索」或是「起底」等行為蔚為風潮，當看別人參與有一窩蜂的群聚效應，能引起話題或矚目，便覺得自己不參一腳是落伍，所以不管認不認識當事人、了不了解事情的來龍去脈，一定也要跟著起鬨、跟著批判就是了；藉著結集網路力量，將目標「敵人」摧毀！而且他們通常不覺得自己是在欺負別人，而是在「伸張正義」，這樣的網路行為，對於被修理的人十足十的可怕。

這樣的網路欺凌行為，其實就是將自己的快樂，建築在別人的痛苦上，不少人在網路上做出這樣的行為時，會獲得快感或是滿足感，甚至有些人認為這樣的行為，把它當作是網路遊戲的一種，甚至比賽誰可以更快取得更多資料來掀對方的底，或者是誰可以一槍斃命，讓對方迅速折服或是擊敗。

這樣的網路行為背後，是期待自己在網路世界受到認同。過去研究顯示，進行這樣欺凌行為的人，可

能是感覺現實生活苦悶，藉這樣的行為尋找樂趣，完全不會考慮當事人的感受，由於他們常潛藏自己的身分，所以當做出這樣欺凌行為的時候，也不會考慮結果，甚至是因為別人也在做，自己當然也可以做，以這樣群體行為當作藉口，來減低欺負別人之後的罪惡感。

　　這些欺負別人言行的霸凌者，可能在現實生活中，也許遭受過欺凌，或是兒時曾經歷過創傷，或是有一口氣沒有地方出，覺得只要跟別人一起，就可以安全的出口氣。

　　可是當有一天，你的想法、行為，或是價值觀並不屬於這樣的群體時，你就得小心了；因為你可能會很容易的成為被霸凌的對象。

　　許多名人因不堪網路的流言而自殺、而意志消沉、而一蹶不振時，我們很難想像事情剛開始發生，可能不

是什麼天大地大的事，卻害得當事人到了無生趣的地步。

到底是誰容易被網路霸凌

　　現實生活中要罵倒一個人，要使一個人自殺，是有些難度的，當一個人被傷害，大腦會處理這樣的傷害，讓記憶慢慢的變淡。在真實世界裡隨便罵個人，會讓許多人有不同的意見，有人會阻止你，甚至勸說你，可是鄉民、酸民的亂起鬨，再加上一堆閒閒沒事人的七嘴八舌結果，就會對被霸凌的對象，造成持續的、重複的，並且是有系統性的嚴重傷害。而網路的世界裡不明是非的閒人太多，相同偏好的人相聚一堂，不當的言論比真實的世界更少受到抑制，非常容易被火上加油，所以一旦在網路世界裡敘述了一段話，這樣的紀錄會一直留在網路上，透過滑鼠簡單的一按「分享」，這一句話就傳到天涯海角。可是透過鍵盤所輸入的文字，去污辱一個人，不會只是跟按個按鍵一樣，輕輕按下、輕輕彈起，網路的文字對人的傷害是無遠

弗屆，而且是無限的放大、被添油加醋、以訛傳訛，
網路的確可以殺人！

　　我常常在想，當網路霸凌造成別人的傷害，是否必
須受法律制裁？什麼時候可以有立法機制，有規範方
式，來讓這些不懂得文字抽象含意的孩子們、青少年
們，免受霸凌之苦。

　　當小朋友長大，到了青少年時期，可不可以學會用
討論的方式，來釐清對方和自己價值觀的不同？而且其
中到底是怎樣的不同？而不要讓情緒帶著走；也讓這些
青少年學會在網路上討論及發表意見的時候保護自己，
因為一切都有跡可循。

　　當我看到應該天真活潑的孩子病人，甘心沉醉在
自我世界時，我也知道，拒絕網路，對他可能是一個
好的方式。因為我也知道，有些愛用網路，喜歡恣意

發表自己意見的孩子，總是也有某些困難，沒有辦法好好控制自己。

　　每個人是可以有不同的立足點、想法，但該學會去包容、體諒，甚至原諒別人的一句無心言語。我想沒有人會以加害、甚至剝奪他人生命為樂吧？到底要怎麼樣，才能夠進行網路上正常、成熟的社交呢？有沒有機會讓孩子從小就學會以負責任的態度，去承擔自己在網路上的發言？還是有父母、師長，可以有機會在旁邊監督，讓孩子有機會練習正確的使用語言？

　　當你發現身邊的人，是網路霸凌他人的慣犯時，有沒有機會勸說他？如果真的沒辦法，可以盡早尋求專家的協助，看看他們是不是曾經受過什麼樣的創傷？也許經過治療，可以避免憾事發生。如果大家都不用事不關己的態度去容忍網路霸凌行為，這樣我們就不會養出一堆網路上的各種怪物，日後要打怪的時候，也就不會這麼痛苦和困難，也不會讓怪物欺凌了這麼多人。我相信，當網軍是變成「婉君」時，會比較溫柔、可愛多了。

從不斷過關中證明自己能耐

　　還記得電腦才剛出來沒多久，網路還不是這麼盛行，流行使用卡匣來玩電動玩具，已經有許多孩子沉迷於電玩了。我常常因為這樣子，必須要到很多家庭裡面去做了解、評估，因為這樣的孩子，有的已經嚴重到沒有辦法出門，一個月可能唯一要出門的原因，是要去買卡帶。和這樣的孩子我幾乎沒有話可以講，只能先來一趟破冰之旅，想辦法從他有興趣的事情上開始。

　　這樣的孩子，眼神是落寞的、疲倦的，雖然沒有排斥我，可是從他的眼神中，可以知道他其實是身不由己，胖胖的身材加上不善於言詞表達，在學校裡，總是孤伶伶的一個人，好像講一句話，都會怕得罪了誰，功課也一直不見起色。但他終於在遊戲機裡，找

到了自己，隨著不斷地過關，一次又一次的證明了自己是「可以的」，電玩螢幕上的分數，代表著他的存在，離開了電玩，他不知道能去哪裡。

我知道孩子的心情其實很不好，對未來充滿了無助的感覺，也知道在這件事情上沒有人能幫得了他，可是他似乎也幫不了自己。我們不敢談對未來的看法，因為那是一個很沉重的探索，因為連明天能不能去學校，都還不知道。

很有心幫忙的班導師，花了很多力氣，包括買早餐給他吃，騎摩托車載他去上學，始終都沒有辦法成功；爸媽的管教最後也變得不知如何是好，怎麼做好像都是錯的。爸爸陷入了嚴重的憂鬱，因為媽媽總是怪爸爸只顧著工作，沒有管小孩，爸爸怪媽媽管教太嚴厲，讓小孩子一直都沒有自信，於是從管教小孩的無力中，父母轉成互相指責、爭吵，媽媽最後受不了，離家出走；小孩陷入了更嚴重的憂鬱。

爸爸的憂鬱，在女同事的慰藉中得到安慰，於是夫妻間兩人距離越來越遠，我們試著同時進行婚姻治療，好不容易媽媽願意來一起面對小孩的問題。只是

慢慢地，大家知道這段感情已經回不去了，但是媽媽
願意做最大的犧牲，是搬回家和小孩子重新在一起。

　　多年以後，兵單來了，孩子還是不能出門，想辦
法解決了兵役的問題後，我看到媽媽的兩鬢開始泛白，
看到了爸爸學會婉轉的表達，並且更能獨立的去處理
孩子的事情；多年下來孩子長高、長壯了，開始像個
成熟的大人，終於能自己離開家，到門診來看我這個
醫生。

在現實中失落的孩子

　　記得有一天深夜，一位來看過門診的國中孩子阿
銘，跑到醫院急診室的門口打手機找我，那時候醫院
剛搬到內湖，旁邊都還沒什麼住家，我們一起在暗夜
中的院區散步。我很慶幸阿銘肯相信我是懂他的朋友，
我陪著他，聽他大罵教育部長、罵考試制度、嘶吼著
控訴扼殺他的青春與生命的痛苦。我知道這個重度使
用網路孩子的孤單、無人同理，與看不見未來的不知
所措。嘶吼完，阿銘突然飛也似的衝出去，我追都來
不及，來了台末班公車，阿銘頭也不回的跳上車，我

連是幾號公車都來不及看清楚，不知道他要去哪裡？要去做什麼？只能急著找警察幫忙，天快亮時終於找到了阿銘，可阿銘的失落的心，要怎麼做才能找得回來？

　　阿銘曾經在國小的時候，就可以為班級寫網頁而受到學校的讚賞與表揚，卻因為現實生活中成績不如預期，沒有辦法得到國中老師的肯定，而開始放棄自己。在網路上，阿銘可以幫很多網友有問必答的解決電腦問題，很多人都肯定阿銘的功力，推崇他。卻也讓阿銘誤以為網路是他的未來，而選擇放棄學校。

　　他的作息開始不正常，白天睡、晚上才在網路上找到自己的一片天地，晚上阿銘邊使用網路，邊聽音樂、邊吃東西，體重很難控制的直線上升。媽媽因憂鬱而身體衰弱，需要吃藥治療，爸爸也辭職回家，甚至因為擔心鄰居的眼光，也搬了家。十年過去了，阿銘終於開口問我：「要不要回去上學？」經過多年努力，最終，我和阿銘成為了好朋友，我們有機會在半夜一起散步、看星星，可是學校阿銘卻回不去了，最後和他一起找到了一間可以上半天就好，不用穿制服，比

較少約束的學校，知道他願意上學、可以上學的那一
天，我真是替他感到開心。

　　我常常告訴爸爸媽媽，在孩子學習的過程中，要呵
護著火種，這火種是對周圍事物的關心、興趣與熱情，
時常保有一個學習的心態，如果生活中總是充滿挫折，
那這火種，就會因為總是達不到期望和目標，而變得很
渺小，甚至黯然熄滅。

畢竟全班第一名只有一個人

　　如果冀望孩子從功課中得到成就感，有沒有可能
是設定比較合理的目標，而不是只是一再的求名次、
求成績？當成績受到挫折的時候，師長、父母們有沒
有辦法給他們支持？有沒有可能轉移一個不以學校成
績為主的目標？譬如可以在各種才藝中得到成就感；

譬如可以從朋友、同學的關係裡得到滿足；或是爸媽
告訴小孩：「不管外面發生了什麼事情，你永遠是我們
的寶貝。」或是簡簡單單的，不用說一句話，將你的寶
貝擁在懷裡，讓他感受到你的溫暖與支持。

　　一旦孩子的學習火種有了愛，就可以繼續燃燒，
這台車就可以繼續往前跑。不巧的是，在網路的世界
裡，因為電玩遊戲可以給他們高度的感官刺激，所以
他們的注意力就會被吸引過去，教室裡的教材、老師
的話語或身邊的事物，都因為和網路遊戲相比而不再
有趣。因為老師再怎麼會教學，也沒有辦法像電玩裡
面的角色一樣，這麼生動、刺激；教材再怎麼豐富，
也沒有辦法這麼的五彩繽紛；同學再怎麼活潑，也沒
有辦法像網路上的戰友，一樣給他這麼多的支援。所
以過度沉迷於網路遊戲的孩子，他的心會在哪裡？他
還會想上學嗎？他還會想聽課嗎？

我們是不是應該想想，到底該不該讓孩子無限制地使用網路？該不該陪伴他們用寓教於樂的方式，教他們如何不被網路牽著走？要不要好好的呵護下一代學習的火苗？讓他們有機會去探索網路以外的真實世界？

第二章

是誰栽培孩子從小掛網

我的電腦呢

　　你是一個新手父母嗎？當你看到孩子開始會對你微笑，或開始會走路、會講話，你一定非常地以他為榮。

　　許多爸媽在網路上分享，他的孩子多早就可以使用手機、可以使用滑鼠，我看到這些爸爸媽媽驕傲的眼神，大部分的爸媽都說：「哇！他比我學得快多了，他比我學會使用電腦的時間，早了幾十年！」沒有錯，科技是在往前走，科技也帶領著人走入不同的境界，我們的大腦和神經的使用，也會因為所謂的「用進廢退」來改變原來生長的方向和用途。

　　眼科醫生說：「過度使用電腦要小心近視，小心用眼疲勞。」我們的確知道孩子的眼睛在八個月到十個月，就已經發育成熟可以靈活使用，我們也知道孩子

的手指大概還不到一歲，就可以按鍵盤、按滑鼠，還可以拿來滑手機，但我常常不確定的是，這些父母親在驚嘆自己的孩子有這些能力的時候，他們到底知不知道，他們可能會失去的是什麼？

我還記得我參加一個電視節目，有一個網路名人告訴大家說，他的孩子是多麼會使用這些網路的軟體，我心裡想，這個爸爸已經是一位網路名人了，已經是這麼會使用網路，他的孩子將來一定是青出於藍。到底孩子使用電腦是不是該被鼓勵？還是需要被控制？還是隨其自然地發展？這個問題從來沒有專家去探討或帶領父母親去面對。

過去針對這樣議題的研究很少，大部分是根據眼睛是否會受傷害的方向去思考，很少有人從行為科學的角度去探討。試著想一想：當你的孩子在玩網路，你在旁邊陪伴，驚嘆他能發揮出各種新的技巧和能力時，那一刻的天倫之樂不是很完美嗎？到底醫生在擔心什麼？

兩歲以前的主要照顧者是誰

醫生不太擔心孩子剛開始使用網路，與隨之發展出的各種技能；醫生擔心的是後面的事情，如果這些新手爸媽沒有了解後面將可能發生的事情，就毅然決然地把這樣的科技玩具交給剛出生的寶寶，然後自拍上傳，看到孩子閃耀的眼神，再跟阿公阿嬤說：「看你的金孫有多神。」這樣好嗎？對嗎？

對孩子來說，一項行為能力的養成，比大人要快速得多，他們學習的能力也比大人要更為人驚嘆。孩子兩歲以前，大概什麼事都還是要倚靠父母親。在兩歲以前孩子正是在建立安全感的時候，如果有一個主要的照顧者可以持續陪伴著他，這樣一個安全的依附關係，就會讓孩子將來的人格比較能夠往前走。

我們發現，在兩歲以前的主要照顧者常常更換的

話，或者，主要照顧的人，不能去體會孩童的需要而隨時給予滿足的時候，孩子的自我，可能會受到壓抑。

在這樣的依附關係中，如果父母親可以持續跟孩子建立很好的依附關係，而不會因為父母親讓孩子獨自玩電腦，而忽略一個當父母親的責任。

如果當父母親看到孩子使用電腦玩得不亦樂乎時，於是決定就把手機或是平板交給小孩，讓電腦代替爸媽的角色，這可就不是一件好事了，因為到時候──

可以控制小孩的不是你，而是電腦！

可以教導事情、知識給孩子的，也是電腦！

跟他有穩定友誼關係的，還是電腦！

當媽媽們在痛恨妳的另一半，整天只與電腦為伍的時候，如果同時也把電腦交給了孩子，那絕對不要日後抱怨，妳又創造了一個陌生的家人。我們提到了學習之火，孩子越早使用網路，越早習慣高感官刺激的網路世界，父母親講的話，就會不太引人注意，所以孩子跟你的互動中，只會問你的是：

「我的電腦呢？」

「我什麼時候可以用電腦？」

　　兩歲以後，孩子開始會邁步向前，透過不斷的去探索周圍的世界，建立起一個獨立的自我，他開始學會和爸媽爭論，開始不再牽爸媽的手，這時候如果網路取代父母成為他們很重要的依附關係，那爸媽對他們的重要性就瞬間滑落，以後的教養就產生很大困難，以前孩子會從觸摸身邊的世界而知道這世界長什麼樣子。自我的個體與環境互動後的結果，對現實世界真實感的建立，以及現實與虛幻的界線的分隔是非常重要的。

　　如果孩子全然倚賴網路感官的刺激而生活，不再有興趣去探索周遭的世界時，我們很擔心未來他的虛幻空間將無限膨脹，對真實世界、對他人的興趣、對萬物世界的感受，可能就不再充滿了好奇與疑問。

　　還記得許多攝影展，都是拍攝孩子好奇地與周圍
的環境或生命互動的那一剎那的天真之美，如果現在
得獎的作品，不是拍攝孩子與一隻小動物、一隻小昆
蟲的互動，而是拍攝一個孩子在玩手機、玩平板，那
麼這樣的美，是不是還依舊呢？

到底誰說的「是真的」

　　現在的大學生，已經懂得在上課的時候把老師講
的話輸入在網路查證是否屬實，來跟老師做課堂上的
辯論。許多老師們其實已經在跳腳，這些大學的教授
已經無法忍耐學生們膚淺地從網路的隻字片語，不假
思索與判斷，沒有去追究資料的來源，就進行使用來
傳播，甚至進行辯論！

　　我很懷疑，當我們的孩子從零歲就開始使用手機，
以後的幼稚園老師將會面對一個怎樣的命運？幼稚園
老師又怎麼有能力，去應對孩子的辯駁？當所有的知
識與所謂的正確性，並非以父母和老師作為唯一的來
源時，絕對沒有所謂「父母永遠是對的」這件事。所
以父母親、老師們，將不再擁有資訊上的優勢，將不

再對小孩有控制權，小孩、學生，不只騎在你的背上，
而是騎在你頭頂的雲端網路上，在孩子成長與教養的
路上，你們將被迫和虛擬世界不斷的格鬥，來證明父
母的愛、師長們的真才實學，你要如何「舉證」來面
對孩子們的挑戰，或者是否要考慮，教導孩子們該學
會如何弄清楚網路上資料的正確性。

再累，也請別讓 3C 當保姆

　　通常孩子在小學的階段，剛好是爸爸媽媽正在事業衝刺的時候；如果爸媽在公司忙得要命，回家累到只想一頭倒床擺平，或手上拿個遙控器，窩在電視機前的沙發，享受放空，絕對不會想要有個小傢伙，不停跑來擾亂你的片刻輕鬆。

　　當孩子殷殷期盼的告訴你：「爸比陪我玩！」你也許表面上，用開心的眼神看著他，但是說實在，我不知道疲憊不堪的你，心裡在發洩些什麼情緒字眼？不過這個時代，真的有太多父母慶幸，終於有人發明了這些偉大的產品、不，該說會讓小朋友也沉迷的聲光俱佳「玩具」，可以讓你順手就塞給孩子，然後，你可以放心地窩著繼續放空、或忙手邊的事。看似一個「拿去」的動作後，簡單打發孩子的要求，之後呢？需要

親情陪伴成長的的孩子，對他而言，爸爸怎麼會比 3C
來得有魅力呢？

　　我知道，蠟燭兩頭燒的公私生活壓力，讓父母回家
已疲累不堪，於是一指搞定的 **3C** 產品滿足了孩子的好
奇，一機在手，希望無窮；孩子愛跟誰講話就跟誰講
話，愛怎麼玩就怎麼玩！如果你的眼睛還盯著電視螢幕
不放，手上繼續忙著事，那你絕對想像不到，你家孩子
的 **3C** 畫面，已經不知道連到哪裡去了。

　　父母親明明就知道，該要陪伴成長中的小孩，可
惜的是，現代工業化的快速腳步，已經壓得父母們喘
不過氣來了。搞不好許多父母親回家還要延長戰線繼
續「責任制的加班」，繼續窩在電腦前寫案子、拚報告、
算業績……有些父母甚至還要「零時差」的上網連線，
和海外的客戶討論合約內容、上群組去看看公司發生

了什麼事情、老闆又發了什麼動員令？以免自己成為局外人。

父母親白天職場的工作，因為有了電腦、有了無遠弗屆的網路，以前回家加班，要抱一堆相關資料，現在一個隨身碟搞定，看在老闆的眼裡，帶公事回家加班，成了「很方便的理所當然」。如此一來，連晚上原本該屬於家庭的時間，也被網網相連給剝奪了，父母變成了「公司的長工」，那麼孩子就變成了自個兒打發時間的「情境孤兒」。

這是個讓人很難過的案例：

一個剛學會上網的小學生，第一件事，就是輸入爸爸的名字，透過網路上的資訊來「認識」爸爸；因為爸爸是事業有成的名人，可是像神龍見首不見尾，他很崇拜爸爸，可是爸爸太忙了，孩子很想知道為什麼親戚都誇獎爸爸？鄰居談起爸爸都說他很棒；連學校的老師、校長都說他應該以爸爸為榮、以爸爸為榜樣。可是，爸爸對他來說，真的太陌生了……連和他說說話、摸摸他的頭，都少之又少！

　　眼下，最快速找爸媽的方式，或爸媽想了解兒女在想些什麼的方法，都得從網路上的臉書、推特、Line下手時，不會滿無奈甚至悲哀嗎？以後的孩子，還能懂什麼是「共享天倫」、「身教重於言教」嗎？

　　對父母親的印象呢？渴望親情的孩子，有人會在網路上尋求他想要的爸媽，看似懂他、會照顧他的哥哥姐姐。但是真的、誰也不知道他所找到的虛擬爸媽或哥哥姐姐實際上會是什麼樣的網友？怎麼確定他虛擬認的爸爸會不會教他罵髒話、入歧途？會不會對他別有企圖？久而久之，這些慢慢長大的網路孤兒，他們還認自己的親生父母嗎？

下班前，請區隔「角色扮演」

　　很累，可以是個理直氣壯的說詞，因為現實生活壓力真的讓爸媽很累，那怎樣才可以不累？如果剛開

始，爸媽就設定家庭生活該有的樣子：一個父母親該
教養小孩的生活模式，那麼自然而然，爸媽也就學會
拒絕上司過多、過度的不合理要求。網網相連跟回家
的工作、責任，也應該要設下防護網，避免「家破病毒」
入侵到家裡來。

我會建議，當父母親回到家的那瞬間，門口應該擺
個鏡子，提醒爸媽照照鏡子，你的臉，應該要換成一張
爸媽的臉，而不再是企業的優秀員工，這樣你的孩子才
不至於變成 3C 橫行下，被掠奪親情的孤兒，才會展開
雙手來迎接你回家當爸爸、當媽媽，而不是去迎接你隨
手塞給他的手機或平板。

累了嗎？在下班前，應該休息一下，讓自己進入
到另一個狀態，做一些情境的轉換，或許你應該喝杯
咖啡，提振一下精神。身為父母親的確有很多公私角

色，在家中必須要執行的任務，或者該說「為人父母的義務」：要當老師去輔導沒搞懂的功課、又要當爸媽去指正他不好的言行、又要當朋友聽他談談今天發生的事、要當大玩偶陪他玩樂。我敢說，這是一件超級複雜的工作、非常挑戰已經疲累一天後身心的負荷，這，絕對不會亞於父母在白天的職場辛苦。

　　工作可以調整，可以跳槽，可是孩子的成長只有一次，我碰過許多優秀企業高階主管，在事業有成之後，我問他們：「有沒有什麼事情，是曾經覺得最遺憾的？」好幾位都告訴我：「如果可以重來，我希望能夠多陪陪家人。」

　　事業的成功可以為你帶來光環，可是教養的失敗，卻是整個社會都要承擔責任！而且孩子在行為的塑造、好習慣的養成，是有所謂黃金關鍵期的，通常在十歲

以前。孩子如果還沒養成一個壞習慣之前，被糾正、教導的機會是很高的；可是一旦十歲以前他已經養成一些難以戒除的習慣，那長大以後，將是不太容易被治療的。

我常常呼籲父母親：

孩子在十歲以前要使用網路的時候，一定要有父母親在旁作陪，督導他們使用的方式、使用時間的長短，以及觀看的內容，孩子還沒建立正確價值觀的時候，藉由父母親的陪伴，可以學會如何正確使用科技產品。長大之後，他才能夠知道使用科技產品時應該注意什麼，該控制自己不要過度使用，或者被不良的網站所吸引。

有些爸媽告訴我：「把電腦放在客廳，這樣子孩子在用的時候，就可以一面監督。」我覺得這也是個好主意。

請陪孩子探索雲端的世界

我們鼓勵孩子在小學階段使用網路的內容，是用來查閱資料，學習如何增長知識，所以父母的陪伴是很重要的，因為畢竟孩子都有好奇心，如果沒有家人導引，孩子會去探索平常未曾接觸的領域，那麼一些腥羶色的內容，或者一些激烈、極端的言行，就有可能污染到他們的思想，特別是父母親如果是很忙或者是很累的，那麼孩子沒有時間和父母親做討論，孩子就會誤信以為真而全盤接收了。

在小學時期的中低年級孩子，可能不是那麼倚賴社群，也不是這麼需要網上購物，對色情也懵懵懂懂，所以暫時在網路的使用上面還算安全。這時候唯一要注意的是，使用網路的遊戲，時間不要太長，長了以後，他的生活會以上網這件事情，為他的生活重心。

　　在門診，這類的兒童通常是會以「破關」作為一種生活的目標，只要沒事做就會拿起來拚命玩，鑽研如何進到下一關的方式。我知道、也相信，學齡期的孩子爸媽希望他拿起來的是書本而不是手機，可是當孩子接觸電玩遊戲久了後，你是擋不了他的，所以一剛開始就應該約法三章，最好是能少玩則少玩，不玩更好，不要因為玩遊戲而影響到日常生活。

　　如果他每次玩都沒辦法約束自己的時候，父母就要小心，孩子的控制力已經出了問題，怎麼去面對處理是很重要的，絕對不要因為孩子不斷的要求、甚至耍賴而讓步，否則這一讓，就不知什麼時候能夠回頭了。

　　通常孩子會得寸進尺，本來玩半個鐘頭會變成一個鐘頭，本來說十一點結束，最後搞到半夜十二點，所以能夠在早期發現孩子的使用問題，才能真正根除他因為年幼就使用網路而養成的不良習慣。

在交 3C 給孩子的那一刻

　　許多發現孩子沉溺於電腦的無助父母，常憂心問我：「什麼時間點該帶孩子來就醫？」

　　當然這時候可能就得考慮趕快處理他的問題，可是我常常在想，父母親有沒有想過，當初是你讓他玩的，這時候你想讓他不玩，那孩子會不會覺得你很矛盾？父母自己會不會覺得很矛盾？我看到大多數的父母，其實內心是很捨不得剝奪小孩快樂的權利的，明明就知道小孩子上網玩遊戲可以在之中得到許多樂趣，這也符合很多父母親真心的希望：讓孩子快樂地學習、快樂地成長，所以不約束小孩而讓他盡情自由發揮。

這是一種愛的教育嗎？還是放任？

　　大部分的父母在把孩子的快樂放在第一位的時候，覺得買一個軟體或買一支手機、平板或電腦給小孩，是一件父母親該盡的義務，但從來沒有想過的卻是，怎麼會這麼快就面臨到孩子「掛在網路上下不來」的衝突點？

　　我對於現代社會父母親辛苦的在外奔波、打拚，為家庭賺取更多的報酬，來得到更好的學習以及生活品質的初衷，是不曾懷疑的！但是，許多父母親的確在買東西給孩子的時候，是有許多「彌補心態」，填補自己童年時未能在物質上得到最大的滿足、填補自己因為長年必須在外奔波，沒有盡到家庭中的責任和角色。

若不買給他，怕孩子會被孤立

　　這時候我必須說，當一個父母親的責任是什麼呢？是給他們物質上的滿足？還是陪伴他們成長比較

重要？

　　許多父母說：「因為同儕之間，每一個人都在討論網路上的遊戲，破關的方式，比較哪一種遊戲比較好玩，甚至在網路上呼朋引伴，組隊 PK 一起闖關，我若不買給他玩，孩子會被孤立、沒有朋友。」

　　這到底是不是父母的錯？孩子常常告訴爸媽：「如果我不上網一起玩遊戲的話，下課大家在說什麼我都聽不懂，也沒人要理我。」就像許多女孩子告訴爸媽說：「你如果不讓我看韓劇，我到學校就沒有話題和別人交談互動。」所以讓孩子上網玩遊戲，變成了一個「勢比人強、理所應當」的藉口。

　　當爸媽警覺孩子因為過度使用網路遊戲而忽略了該做的功課，情緒也因常掛記遊戲輸贏戰況而起伏，甚至整個思考內容的重心都在電玩上，他的眼睛彷彿看不到爸媽，耳朵聽不到老師上課在教什麼，如果你是父母，打算怎麼辦？生氣的父母硬起來了，把桌機的插頭拔掉，把手機沒收，孩子陷入了不知所措、憤怒的深淵中：「爸媽說話不算話，不是說好，要讓我快樂的成長嗎？為什麼這時候爸爸這樣不講理欺負小

孩？」

　　還記得嗎？當初你還很驕傲地跟他一起玩遊戲、一起共享天倫之樂，什麼時候，一切都走樣了呢？要是碰上管教不同調的父母，邊護短，邊批評另一半不該如此斷然處置，破壞家裡氣氛，弄僵了親子關係。

　　我曾在門診問過多位爸爸：「當你怒拔掉插頭的那瞬間，曾經料想會發生什麼事嗎？」大部分的爸爸都告訴我：「只知道不能再包容下去了，否則會害了小孩將來。」這樣的斷然措施，是必要的，可是、難道不能夠用更好的方式來處理這樣的問題嗎？我必須說：「預防重於治療。」

　　如果在交給孩子電玩遊戲的那一刻，就已經學習到應該在 3C 使用上，用什麼樣的態度來管理孩子的黏著度，那麼你可以放心的交給孩子。但是當你發現到

孩子口口聲聲說他可以自己控制，但是行為上卻無法做到，而且是屢勸不聽，你才會警覺這事態的嚴重。

沒有人會把上網當成是毒品

回想小朋友掛網下不來的這一路，不也是父母親每天縱容、疏於管理所引發的結果嗎？難道就一定要給孩子玩網路嗎？不玩不可以嗎？還是控制他的使用時間？還是到底玩網路有什麼好處？如果沒有好處的話，又為什麼要發明這個東西？

現在的社會，生活幾乎是離不開網路了，但有一些父母親還是拒絕使用網路，拒絕使用智慧型手機，他們的勇氣令我敬佩，他們的堅持也令人印象深刻，可是人畢竟是群體動物，買什麼東西、用什麼東西，都有個潮流，雖不說趕流行，別人會的東西你不會，可還真是不舒服。但是，孩子呢？

孩子有沒有辦法、自主地加以控制自己玩遊戲的能力呢？剛給孩子 3C 時，有些父母自豪「我孩子控制力很強，很有自己的想法、自己的主張，我決定支持他的承諾。」可是我請爸媽們要想一下，如果他將來面

臨問題的時候，會不會回頭怪你？怪你當時沒有盡責來管理孩子該接觸或不該接觸的網域；該使用多久；以及如何使用等問題。

在門診，有爸爸會苦惱的告訴我：「我小時候哪有什麼電腦，更何況是網路，也從來沒經歷過這種麻煩，沒學過怎麼處理這些事，難道學校老師不教、也不管學生這些問題嗎？」如果父母師長，大家都不曉得、不在意使用 3C 所帶來的可能禍害，一窩蜂地拚命不斷地砸錢，自我提升上傳下載的速度及質感；到底，追流行、走在時尚尖端的虛榮心，將怎樣蠶食鯨吞我們的下一代？

或許我這樣說，你會覺得太言過其實，網路的確是帶來很多便利與好處，只是很少人會去自省，在聲光亮麗誘惑的包裝下所隱藏的陷阱。你家的孩子今天會為了使用網路和你反目爭吵，你覺得日復一日後，對孩子的社會人格發展，是小事，還是大事？

限制我上網，我就死給你看

　　小明臉紅脖子粗的嗆爸媽：「為什麼一定要我上學？為什麼不能上網？你們越是要管，我就死給你們看！」

　　我通常在診間，是看不到這群病人孩子的；他們通常是從急診室被抓來的，陷在極端委屈與不願意，充滿了憤怒和絕望。憤怒的是，他到底做錯了什麼？絕望的是，當所有的網路世界都告訴他，寫程式、玩網遊都可以賴以為生，就可以有夢想、有未來，怎麼到頭來卻不是這麼回事？絕望的是，大人根本不懂我！

　　我常想，到底是誰該回答這個問題？是教育部長？是網路遊戲公司？還是家長？我真的不知道該不該幫他們回答這個問題。我最常做的事情，就是陪他

們走一段路，一段終於可以沒有網路的路。

孩子，你是怎麼會被押到這裡來

在急診室裡的病床上，四周都充滿了無助的人，大多是身體備受病痛折磨的病人，多數是老人家，走到生命盡頭，在和病痛搏鬥。面對被送急診的這個孩子阿德，我心想問的是：「孩子你在痛什麼？是怎麼會被押到這裡來？」爸媽又氣又心痛的告訴我：「不過罵他幾句，成天掛在網路上像話嗎？學生沒個學生樣，墮落、無藥可救！他就跑到二十樓頂，騎在頂樓圍牆上，千鈞一髮的被大家合力拉回來。」

頂樓不是沒電腦、沒有網路嗎？

阿德你去那裡幹嘛？

難道頂樓的天空浩瀚無垠，和雲端的世界特別近嗎？

是怎樣的絕望，會讓年紀輕輕的孩子，想一躍而下，想從毀滅中，找到生命的出口？

我心痛極了！

我的確是看過許多毒癮病人的痛苦下場，我也看

過酒癮患者最後唉聲連連、跪地請求幫忙；可是這些重度使用網路的孩子們，被押到我面前時，只見臉色鐵青、倔強的緊閉雙唇、不吭一聲，無論怎麼好言好語，怎麼都不肯發出點回應！

　　這些孩子，習慣在網路上發聲，都不善於言詞表達，更不善於透露出自己內心的挫折與絕望，當家人在嚴詞指責他因為過度沉溺網路，而沒有辦法做好每一天該做好的份內之事時，卻從來沒有人能將心比心，去溝通理解他內心的孤單、對未來的茫然、不抱希望。

　　我問旁邊唉聲嘆氣的爸媽：「你們了解他在想些什麼嗎？知道他為什麼心情這麼糟？」

　　父母親茫然的相視搖搖頭。

　　「知道他這麼激烈尋死，背後的動機嗎？」

　　爸爸還是嘆著氣搖搖頭，媽媽越哭越傷心。

　　我心裡對親子間的這道鴻溝，有百般的無奈與不捨；我把爸媽帶開到一旁，以我的臨床經驗，輕聲的問：「你們知道他很無助嗎？孩子不是不知道自己的失控是不對的行為，可是他畢竟只是個孩子，他也很害怕，不知道該怎麼辦？要他獨自抗拒對網路的愛不釋手，會有多困難嗎？他也很想和同學一樣，可以該睡就睡，該起床就起床，可以正常的上學、可以不在課堂上因打瞌睡、不專心，老被老師叫起來罵、被同學嘲笑。」

　　爸爸幾近怒吼地反問我：「這不是他自己造成的嗎？這不就是他要的生活嗎？我們老早就一再勸誡他，重話提醒他，為了把他從沉溺網路的深淵中拉出來，我們幾乎用盡了各種方法，這還能怪我們嗎？到底是誰該來救他？還是誰該來救救我們這些無所適從的父母？」

　　我知道我不該再說什麼，讓父母以為我在怪罪他們，我知道爸媽也用心良苦過，但是走到這個困境，到底是從哪裡開始？又應該怎麼結束？

　　支開情緒還很激動的父母，我坐到阿德身邊問：

「怎麼回事呢？怎麼會這麼沮喪和絕望呢？」

　　他不言不語。

　　「要不要試著讓我們聊一聊？我幫過很多和你一樣的同學，我們最後都成為好朋友。」

　　「好朋友」三個字，讓阿德抬眼看我。

　　一陣沉默過後，阿德答應讓我看他的 Facebook，在他的網路世界裡，比校園生活還精采活躍。在網路上，阿德得到很多人的支持、點選按「讚」，他在社群中發光發熱，不斷地用心經營網路上的人脈，也不忘適時支持別人，幫助需要加油打氣被鼓舞的人。阿德努力一步一步建立自己在別人心目中的形象，這樣有所得的光環，是他現實生活中不曾得到過的。

　　在學校裡，阿德的成績永遠達不到父母的期望，回家只要看到他，爸媽永遠只是問：「今天學校課上得怎麼樣？考試考得如何？補習班教的都搞懂了嗎？」

　　有些爸媽的確很注重孩子全方位的表現，不只注重功課，也會天天問：「今天在學校有沒有和同學說話？有沒有舉手發言？有沒有結交新朋友？」或是追問：「今天在學校發生什麼事？」可是，這些所謂爸媽

的關心與想了解的誠意，都被孩子解讀成一種「壓力」。而這樣的壓力，彷彿鋪天蓋地的在孩子的四周裝了無數支的監視器，監視著孩子的一言一行、一舉一動，深怕孩子哪裡做錯了，或跟不上學習的進度。

　　但在 Facebook 上，孩子們可以物以類聚的恣意與人交換心事，不用擔心有人會批評；可以談談八卦，讓自己情緒有一些出口；也可以絕口不談學校的事情，只聊電動玩具的角色。在那裡，看似沒有隱私，但卻是一個放鬆的世界，沒有人管教他，沒有人看守他，沒有人老是要教育他。兩個世界比較起來，我可以理解眼前的阿德，為什麼喜歡待在網路世界裡。

　　流連網路世界時間一久，問題就來了：阿德察覺到在學校功課跟不上、作業寫不出來、老師的責罵、同學的不友善，阿德更不想踏進校門；感覺自己像掛

在半空中的葉子，外表看起來光鮮翠綠，可是離根很遠。這些網路中的開心、歡樂，就像是水裡的月亮一樣，很快就被現實這顆石頭，砸個支離破碎。更可怕的是「比較」，網路上開心的時候的確可以真的很開心，但一回到現實，同學都在拚學測，隨著時間一天一天的過去，阿德跟他們的距離越來越遠，不只是在功課上，在思考的層面上，在語言的表達上，在人際的互動上，都像兩個世界的人。

我也不想變成現在這樣

阿德事先一點也不知道，怎麼會變成現在這個讓人不知所措的狀況？這才驚覺網路的世界沉迷上一年，好像現實的世界已經過了 N 年，探出頭來時，同學每個人都為前途摩拳擦掌，戰鬥力十足的拚學測；而他卻還在拚過關。阿德這才驚覺，怎麼網路的虛幻世界，可以輕易得到自我滿足，遠遠超過現實世界可以得到的。當他目光往周邊同學望去，網路上的豐功偉業像海市蜃樓，消失在現實生活刺眼的光芒中，讓人無所遁形。阿德覺得自己一個人困在沙漠裡，該往哪個方

向去呢？兩隻腳深陷在沙堆裡面，要怎麼拔出來？

　　學校的功課本來就不喜歡，看著和同學相距遙遠的程度，怎麼可能趕得上？努力逼自己追趕得上嗎？還是要承認，自己當初不該花這麼多時間和精神，就這樣陷在網路中難以自拔？阿德天天都在苦苦掙扎，夜裡嚴重失眠、白天恍神，不知道該怎麼辦？要向誰求援？這天夜裡，阿德身不由己、夢遊般的上了頂樓、一腳跨過了圍欄……

　　大多數來看診的孩子，都跟我說，他們其實真的不知道怎麼就跌進網路的虛擬世界，然後就很難、很難克制自己爬出來。自己也知道這樣是不對的，好像人被扯分裂了一樣，身體和精神都不由自主，自己其實也會很害怕。

　　我告訴他們，這是一種「解離」現象，通常人在壓力極大時，會呈現一種「意識侷限」狀態，對外界事物

完全無法理會，只集中在自己的事情上，所以這時候外界對他來說，是另外一個不同的世界。

通常在壓力大的時候、或人處於極度茫然不知所措的狀態下，會呈現這樣的解離情況，好幾個這樣的孩子，在解離的時候，不自覺地走到學校教室頂樓，跨上圍欄，等到被一把抓住時才醒過來。

他們告訴我，真的不知道發生什麼事，事後，他們自己也非常害怕怎麼會這樣？解離，可以讓人短暫的逃避壓力，但躲得了一時，解決得了問題嗎？

誰不想上學呢

　　誰不想上學呢？

　　孩子們其實是很害怕「不上學」的；爸媽一定不知道，孩子不去上學的壓力有多大！

　　你知道那種偷偷摸摸沒去上學的感覺嗎？如果應該上學的年齡的孩子，白天出現的地方不是學校，而是在街上，你知道要忍受多少異樣的眼光嗎？

　　也許你覺得陌生人、路人的眼光無所謂，但是，當一個沉迷網路，到後來拒學、沒有辦法上學的孩子若出門，只要想到鄰居哪個阿嬤、哪個阿姨、哪個叔叔會問他：「咦，你今天為什麼沒上學？」光是「不曉得要怎麼回答」這件事情，就夠困擾孩子了。所以大部分這些沒辦法上學的孩子，白天連出門都免了。唯一可以讓他突破重圍，偽裝打扮、深夜或清晨外出的

原因，就是去見網友，或者去買個3C新配件或點數卡。

從開始使用 3C 產品或是學上網，到所謂「拒學」，這樣矛盾的歷程，還真是漫漫長路，不是說網路可以幫忙學習嗎？不是說使用網路可以更方便、更有效率的獲取知識嗎？不是說使用這些科技的學習，可以促進獨立思考和自由創作嗎？這下子，為什麼卻又變成害孩子拒絕上學的導火線呢？

曾經門診到某知名學府的醫學系學生，他因過度沉迷網路，最後被迫中輟；也有頂尖科系的資優學生，無法克制自己流連上網，因而產生憂鬱、幻聽、妄想發作的案例。乍看起來，這些特殊案例，彷彿都跟正在接觸網路的孩子並沒有絕對相關，但你又怎麼知道，網路所連結最後的終點，是促進了學習？還是讓學習之火逐漸被消滅？

敲鍵盤、按滑鼠，螢幕馬上就會有反應

威利因為從美國返台後，被強迫去當兵，但是無法適應軍中結構式的環境而來門診，在美國的時候，他說他要一台賓士車，爸爸就買一台給他，只要他不

要吵不要鬧就可以，這樣的故事，屢屢聽到，屢屢讓人嘆息。我再繼續問下去，原來威利從小就喜歡用網路，網路上按一個按鈕，就有一個回應訊號，所以真實環境中，他要名牌球鞋、要限量商品，馬上就有親人買給他。到底這樣予取予求的神經迴路，是怎麼被寵愛出來養成的呢？

在使用網路的時候，能建立起的行為模式，是一個快速迴路的慣性活動。只要敲一個鍵盤、按一下滑鼠，螢幕上就會有反應，網路上就會有人按讚或給你回饋。在教室裡，當學生坐在椅子上，聆聽老師的教學，有問題時舉手，老師還不見得會點你的名，就算你問的問題很好，老師可能也不會回答，或回答的不是你要的答案。所以很多學生乾脆自己查網路，自己找答案，這是一種主動學習所帶來的樂趣，孩子們也會從發掘問題、找答案中，達到學習上的滿足。

那這樣來說，到底到教室學習還是必要的嗎？還是每一個人就發一台電腦在家自學就好？網路上還有什麼是教室沒有的呢？還是教室有的是網路沒有的？如果從真實的身分看起，人的確是一種群體的動物，

需要一個真實的生活，來不斷地追求自我價值，從自我肯定到他人肯定；從自我主張、到尋求團體的認同。這一路追尋自我的過程，都需要不斷地練習、跌倒，和從別人的回饋中學習，教室無疑是提供了非常頻繁的人際互動場所及學習平台。

學校失衡的教育只注重功課

我發現，很多最後沒有辦法上學的小孩，他們其實在這裡都曾經跌倒過，而跌倒的大多數原因都跟學校「只注重功課」有非常大的關係，或者在人際方面沒有辦法得到認同，甚至嚴重到常被霸凌的經驗，都帶給他們無比的挫折。我們的教育模式，真的還可以在很細部的地方再加以修改和加強；譬如有機會，可以觀察孩子的每一項發展並給予鼓勵，讓每一個人的專長或特質得以發揚，那麼這樣的多元化學習，就有機會開出不同的花。可是這樣細部的活動，是需要付出、是需要很多人一起來觀察孩子到底喜歡什麼，或是在哪裡受挫了，進而修正學習的方向，或是在受挫時，能不能及時的得到鼓勵甚至心靈上的安慰。

　　這樣的說法很多爸媽會有意見，他們會反駁：「我們小時候，不也沒有人管嗎？也不就是這樣長大了嗎？」、「爸媽都在賺錢，誰有空理我們？」也就有人追問：「e世代的孩子，是不是在體質上，和舊時代的人有所不同呢？」

　　請父母親回想一下，自己生長的環境，是不是從小就接受父母親不當管教的洗禮呢？或是被要求要獨立的生活、自主的學習？

　　而現在的孩子，大多數是在富裕或者是物質上不虞匱乏的環境下長大，他們也許覺得生活上的享有、及四周的一切都是理所當然的。

　　所以充斥著一個聲音：我為什麼要讀書？因此在動機上，跟過去早年的孩子、現在的爸媽，當時要靠讀書、掙錢來養活自己，或者覺得「讀書才能出頭天」這樣的信念，的確有了天差地遠的不同。

　　如果問一百個小孩：「曾經、有沒有過關於學習上『方向的問題』？」

　　他們會告訴你：「不知道為什麼要讀書？」

　　我很懷疑現在的爸爸媽媽，要怎麼樣回答這樣的問題？現在的孩子的求學動機這麼微弱、渺小，都不知道為了什麼要讀書？卻在求學階段，一個五光十色、能互動又具挑戰性的3C科技巨獸出現在眼前，也難怪孩子「投降繳械」、忘了現階段的「學生身分」，就向它飛奔過去。

　　我身旁有幾位朋友，他們雖然已經擁有相當不錯的社經地位，很有趣的是，他們用來呵護孩子這把學習之火的用心──

　　當財務長的爸爸會告訴他的孩子：「我們家沒錢，所以你一定要考公立學校。」

　　經理級的媽媽會跟小孩說：「你得坐公車上下學，因為我們家買不起車。」

　　有朋友都說他們「虛偽」，可是不論如何，我很欽佩他們的用心，我反問各位父母：「你們曾經怎麼樣呵護孩子的這把學習之火呢？」也用物質不斷地滿足小

孩？在小小年紀就讓他不知為什麼要讀書，然後不曉
得要上進？

　　我不是反對孩子用科技產品，而是用的方式、內容
以及使用的年齡，是不是經過父母親在旁邊陪伴、加以
適當管理？要讓孩子們知道，父母是很在意他「花了多
少時間上網」？「在網路上做了些什麼事」？

　　因為有太多的孩子使用這些產品，完全拒絕不了誘
惑、一路沉迷下去，給了父母意想不到、措手不及的結
果。慌張的父母很無助：「怎麼辦？」、「還來得及把孩
子拉回來嗎？」、「請想法子幫幫我們！」

　　我能說的是：「在孩子和網路交手的過程，父母親
和老師們，是必須要在旁邊仔細觀察早期所出現的警
訊，隨時加以誘導，甚至找出替代『科技產品』的妥善
處理。」孩子終究是孩子，他也會在意並感受到父母的
關心，是來自於「愛」或「權威高壓」。

第三章

大學生的網路力量

從升學中解放的大學生

　　小亦告訴我：「上了大學以後，升學壓力解脫，突然之間沒有目標了，不知道自己該拼什麼，所以每天花最多的時間就是在網路上逛來逛去，到處放放炮，久而久之，也認識了一推網友，現在最輕鬆愉快的時候就是一起講八卦，一起罵別人，彷彿自己才是正義的化身，所以生活的重心變成是社群，晝伏夜出，功課、也就逐漸荒廢了。」

　　小亦，忘了他還在讀大學。

　　我發現國內的網路使用習慣跟國外有很大的不同，國內的高中生大多還不是這麼廣泛使用網路，或者說礙於升學壓力，使用的時間其實是比較短，非常多的學生是專注在課業上的力求表現，可能是從小就被灌輸把「考大學」這件事，列為是人生的主要目標。當

這樣的期許達成了，大學唸的科系定了，彷彿升學之路到此就脫離苦海，另一扇海闊天空、任人遨翔的大門才正開啟。

這時備感「解放嘍！」的大學新鮮人，很多人從過去被約束、被指導，在考上大學的那一刻起解禁了，可以自由交男女朋友、翹課、盡情盡興泅泳在網路世界，呼朋引伴組隊 PK，或上搜尋自己想要探索的資訊。許多高中生考上大學後，他們的社群變得更多彩多姿的豐富，大膽的探索讓他們開始表達自己的想法，在網路上給不同的「鄉民」批判或是按讚。

大學生的生活，也因為有了國內外的社群觸達，比過去要更目不暇給、豐富、而且新鮮事接觸不完，他們可以很輕易地知道校際間發生了什麼事情，這樣四通八達、相互呼應的能力，無怪乎網軍在瞬間，只要有人別有用心的經營，就會成為一個強大的輿論力量，也可以輕易地造就英雄，甚至讓很多人一夕之間慘跌。以「祕密」這件事情來說，一旦被放在網路上，不論披露的人是有心或無意、或是被駭被破解，彷彿幾乎沒有任何阻攔或制裁的方法。

追求理想的行動，別成為被操弄的棋子

　　小亦說：「網軍的力量，讓人感受到呼風喚雨的快樂，不管做什麼，都覺得有人死忠跟隨，這種感覺，彷彿是老大號令天下，誰敢不從？真是過癮極了。」近年來，許多社會事件或社會運動，都脫不了大學生的網路力量，青年們改造社會的能力，也因為網路而變得力量強大。青年喜歡追求與眾不同，喜歡顛覆傳統，在課本上讀到黃花崗 72 烈士，用鮮血來革命的時代已經過去了，改革社會不用流血，就多按幾個按鍵，其實就很有勝算做出不一樣的事情。

　　許多大人們警告青年朋友，不要在網路上留下一些不可抹滅的紀錄，擔心他們將來出了校園，企業界也會起他們的底，如果發現他們這麼熱血澎湃，可能對他們未來就業不利。可是社會的改革，需要這股網路大軍的推動，這種秋後算帳的模式，也被這群年輕世代所深惡痛絕。

問題是，專家們常常也提醒，由於在網路上的發言，或者在充滿陷阱的提示字眼下，被煽動情緒的可能性極高，青年們可能會一味的「只是」因為看不慣不公不義的事而想要出一口氣，往往就變成社會改革中間的「一顆被操弄的棋子」。青年們只要賦予他們追求理想的行動標誌，可能頭也不回地就往前衝了！

　　追求理想是青年們所嚮往的目標，集結成軍，感受到有機會支持別人或被別人支持的力量，那股溫暖，也是人類心靈的一種滿足。無怪乎許多年輕人就這樣撩落去，這個時期的青年，其實是有很高度的價值判斷與理性思考能力，他們很容易敏銳的觀察到許多不公平的事，而進行強力的批判。

　　過去的年代，二十多歲的青年大多都已經成家了，可是在現代社會，這個年紀的青年大多還嗷嗷待哺，拿的是家裡的錢，住的是家裡的房子，學費是家人出

的，因此在做一些自我主張的同時，常常會和父母親的理念有所牴觸。父母親看不慣青年們想幹嘛就幹嘛的這股傻勁，常常想要給予很多的忠告，可是越是反對他們去追求自我，越是想要拉他們不要陷入太深，他們感覺上，是不斷地想切斷和父母親相連的那一條繩子，甚至衍生出很多、非常嚴重的親子衝突。

　　青年們學習網路的使用，從一窩蜂跟隨到一股腦地投入，被影響、加入流行的行列，參與政治議題，促成實際行動、改造社會，這一路的過程，我們國家這一代的青年何嘗不是正在做一種學習。

　　他們必須學習：

　　從情感層面與理智的協調，到防止有心人士的操弄，到學習自我批判、並且評斷他人的言論，甚至有機會想辦法去制衡不當言論的過度伸張。這一段過程還有很遠的路要走，因為群眾的力量大，很多人不敢用個人

力量去和輿論起衝突，所以當個人聲音與團體聲音不同的時候，這群渺小的個人會識相的選擇閉嘴，因為如果不閉嘴，可能下場就會很悽慘。

　　所以聰明的青年人在看網路訊息的時候，大家一窩蜂的討論這些事情的意見，都是這麼一致的時候，也開始有人會問，那相反的意見在哪裡？是不是有不同的聲音？或每件事情，是不是能被忠實地呈現它的優點和缺點？用就事論事的態度，而不是用選黨選派的方法，來一廂情願地陳述。

　　可是在一些別有所圖人士，精密鋪陳設計的網路意見形成裡，多的是「偽裝」與「置入性行銷」，讓一些熱血澎湃的大學生們，不知不覺地去跟隨、去追逐、去付諸行動，甚至捐出了他們自己。

「正義凜然」的背後真相，何其殘酷

　　我在門診時，有好幾位中輟、休了學的大學生，甚至有幾位後來進了法院的學生，哭著和我述說這些大人是如何設計他們，到頭來真相竟然不是他們當初

所想那麼「正義凜然」時，這些可惡的大人推卸閃躲、
要他們自己負責！想窩回家逃避、尋求安慰，爸媽又
會說：「當初叫你不要這樣，你還嫌我們囉唆、不懂！」
在充滿被欺騙與被出賣的挫折下，這年輕人最後選擇
走上自殺之路。

　　網路上的理想看起來很精采，美夢值得去追尋，可
是在這些網路訊息所表現出的美好背後，還有哪些是因
為沒有人敢表達的不同看法？你從不知道、或者根本被
淹沒吞噬掉而無從知道。我還記得過去的新聞媒體，都
很注重所謂的平衡報導，在學術論文裡，也很注重去談
研究限制與缺點，可網路上還真難找到有敢說「不對」
的相反意見。

　　大學生，真的該學獨立思考與批判、包容不同聲
音的能力，以及尊重社會上有各種不同背景、不同經

歷所造成不同想法的可能性；這是民主社會最重要的
中堅份子，也就是我們的知識青年，經過不斷地挫折、
不斷地成長，最後自會有成熟思維的過程。

　　可是過程中，有多少人能夠捱得過去？理智的過
關斬將、不掉進中途的陷阱，糊裡糊塗的被迫犧牲？
網路，讓思考的時間變短了，讓沉澱變得幾乎不可
能！網路立刻就要表達，立刻就得反應，立刻就要選
邊站，立刻就要做決定，犯錯的機會增加了，可網民
忍受挫折的能力，卻好像沒有增加。面對網路意見時，
青年朋友們，你會再多思考、研判一下隱藏在「背後」
那個「影武者」的動機嗎？

誰？才是朋友

　　人是群居的動物，過去研究發現，離群索居的人，生活上所感受到的幸福度，較一般群居的人較少。

　　一般人在出生之後，可從媽媽的眼中，得到各種的滿足，不管是掌聲還是實質的獎賞，都促成了孩子一步一步地往前進步；開始學會獨立之後，許多的人際互動是和同儕在一起進行的。在家庭之外，同儕之間的互動變成一種主要內心滿足的來源。在幼稚園的時候，學校會舉辦「玩具日」，讓孩子有機會愛現一下，所以學校教室是一個很重要的平台，讓人可以展現自我，並且從他人的眼光中得到關愛、支持。這些促成了自我的成長，孩子被教導之下，也學會了要付出與分享，並且從分享中感受到快樂。

雲端的朋友

　　小美因為爸爸很早就過世了，媽媽要獨力賺錢養家，壓力很大，所以小美變得沒有安全感，而媽媽因為這樣把壓力轉嫁給小美，母女兩人經常吵架，甚至小美因此得了憂鬱症。來門診以後，我才發現事情並不單純，在長期母女失和的關係中，小美在網路上認識了一個大她許多、正在海軍服役的大哥哥，兩人經常趁著小美去補習班補習的時間幽會，進而有了親密關係後，又互許終身，甚至才高中一年級的小美想到中輟學業，與他共組家庭。我知道她有這樣的彌補心態是正常的，但是來自虛擬關係裡的相處模式，到底如何才能分辨出那位大哥哥，是不是真心真情相待？真的值得小美託付終身呢？

　　長大以後，許多和你一起做同一件事的人，你會叫他朋友；興趣相同的人，你也會叫他朋友；會關心你、跟你分享的人，你會叫他朋友；會和你說心事、聽你說秘密的人，你會叫他朋友。我們可以看得到朋友的表情、臉色、姿勢、音調，可是在網路上，跟我

們在做同一件事的人，我們可以看到他講的話、寫的字，卻少了其他非語言的可尋觀察！

　　我們怎麼知道，這位網友是真的朋友、還是假的朋友？雖然現實生活裡，也很難辨認什麼是朋友，而網路上的線索更是少之又少。

　　但你也可以旁敲側擊的去起對方的底，看他的字裡行間可信度如何？偏偏很多人缺少這樣的警覺，去懷疑、起底一些有心人士的惡行；他們會用不同的身分，讓你摸不著他的底。

　　很可能你跟看似相熟的網友見了面，他都還不一定真的是在網路上跟你聊得投機、很麻吉的那一個人，特別是在缺乏自信的青少年身上。我們常看到的例子，是他們不太敢去詢問對方真實資料，而只是一味地寄望對方可以給他無限的支持和關愛，來彌補學校老師和家長

所沒有辦法給的溫暖。

　　許多網路上的詐騙事件，大多跟這樣的場景有關係，許多少女渴望大哥哥的關懷、許多少男渴望姐姐妹妹的注目，原本家庭可以給予的溫暖，孩子在青少年時期已經不再重視了，而是向外求得，這時候網路所提供的社交場域變成是青少年成長的重要環境。

　　有孩子告訴我：「網路讓我有機會敢面對別人，表達自己。」從前的他，只要一跟陌生人說話就會臉紅、上氣不接下氣、結巴地講出幾個字，又羞愧地不敢再說下去。可是在鍵盤上敲敲打打，不用擔心別人的看法以及別人的眼神，讓他自在地可以說出自己心裡的話，終於交了幾個知心的朋友。在這樣結交朋友的過程中，透過溝通、表達，對方可以了解到他的背景和想法，在眾多的網友之間，尋尋覓覓到幾個可以跟他麻吉的人，這樣談得來的朋友，的確可以讓他感受到溫暖與支持，感受到有一個群體是跟他一起的，而不會感受到孤寂。

互動中的蛛絲馬跡

過去研究發現，長期使用網路來交友的人，他使用網路的時間，傾向變成頻繁且重度使用，所以他們開始會尋求網路上的朋友，提供給他的內心滿足，生活上就更離不開網路，必須時常檢查是不是有人留言或寄 e-mail 給他。一旦沒有接到留言或 e-mail，就會擔心他的手機是不是壞掉。

現在發展的社群軟體，像是 Line 及 Whatsapp，更是像他們的三餐、或是片刻都不能沒有的空氣，每一分每一秒，時時得滑一下手機、深怕錯過了什麼的緊張生活。上課時手機不能關，去上廁所時也必須帶著手機，深怕漏掉了任何一個訊息或是已讀不回，讓人家感覺到他不是一個真誠對待網友的人。隱私不見了，發呆的日子少了，忙著檢查收訊，變成是一種強迫的動作，有些人即使自己不參與，也因為別人聊的笑話，讓自己的生活覺得有價值。

目前已知在網路的互動中，大概有 33% 的人倚賴聊天軟體，有 7% 的人是使用網路搜尋，15% 的人是閱

讀新聞，15% 的人是使用 e-mail，30% 的人是交叉使用。如果你問他們為什麼這麼喜歡網路的互動？他會告訴你，是因為網路使用的過程中，會讓他們比現實中更快的與對方熟稔，還可以很輕易地開始與對方互動，而且可以匿名的、也可以是無拘無束的，甚至有一點曖昧、甚至是可以挑釁的，這樣的使用經驗，讓人會想繼續使用。

許多在現實生活中受挫的人，也選擇使用網路的互動，讓人覺得放心而滿足，但一旦真的開始放心時，向外的現實活動就會減少，與現實生活中的人交往或互動的機會，也因為長時間花在網路上，減少出門或減少與人見面，或減少與人做言語上的溝通，這樣一來，在現實生活中的朋友就會減少，甚至會不知道該如何交朋友。

我們很樂見一些本來不能夠交朋友，或是很困難交朋友的人，藉由網路的互動增加自信，也知道彼此在意的點是什麼，而願意嘗試在現實生活中開始交朋友。我們擔心的是，不斷地依賴網路來與人互動之後，而放棄了原來在現實生活中的正常交友；網路可以是

一個工具，提供交友的平台，我們希望的是，網路帶
領我們可以更珍惜、尊重在現實環境的與人互動。可
是這也常與網路帶來的方便、匿名逃避責任、忽略人
際之間的界線，所造成的危險互相牴觸。

　　所以我希望，青年們在使用網路的時候，能夠詳
加觀察這些線索：

　　對方是一個負責任的人嗎？會願意考慮周詳後，為
自己所說的話或提出的論點負責嗎？還是他只是隨便放
個炮、做個煙霧彈，利用網路來獲取個人的利益？

　　我也提醒交網友時，應該要多方求證，並且經過時
間考驗之後，才進一步地與對方交往；並且在這過程
中，觀察對方是不是能夠尊重人際的界線，了解對方是
不是真正的朋友，然後也不要因為有了網友，而忽略了
現實生活中可以嘗試去交朋友的機會。

不自覺的虐心依戀

　　許多大學生告訴我，明明就知道應該減少在網路上的時間，去好好地執行自己每天該做的任務，可是，就是手癢，閒的時候就會想要玩手機遊戲或檢查一下e-mail 或 Line 群組，這彷彿變成了人生最重要的事情。

　　所謂的人生目標，這一剎那間，都因為有了網路而變得迷惘，因為一旦沒有去摸一下手機，沒有看一下 Line，就覺得渾身不對勁，覺得自己跟社會脫節了，甚至很多人告訴我，現在的老師及助教們，也都會用網路來傳達功課的內容或上課的主旨，如果你沒有網路，肯定你會跟別人很不一樣，例如哪天等到教室的時候，你可能會發現教室今天怎麼都沒有人，或者你覺得今天要考試，其實考試已經結束了。現在所謂的布告欄，幾乎就在網路上，這有多方便呢？不管你在

天涯海角，都能看到學校的布告欄，但是前提是，你必須有網路。

所以這個世界沒有網路怎麼行得通呢？網路是件多麼方便的事情，令人著迷，捨不得也放不下，朝思暮想、廢寢忘食，也是都為了它，這個意思不就是一種迷戀嗎？迷戀的本質是你喜歡它，所以甘心受它控制，被它所左右，可是偏偏人又覺得，是應該要控制自己的方向以及所要做的事情，理智上知道該往何處去，情感上卻又依戀著它、與它分不開。

在大腦裡，負責理性控制的地方是大腦皮質，它在神經發展的過程中，是屬於比較晚發育成熟的，有的人甚至一直都不會成熟；相反的，在皮質下腦區的部分，是屬於原始腦區，負責一些原始反射，如血壓、心跳、體溫以及吃東西、性愛、攻擊及安全感的部分，這部分的腦區和我們所謂的潛意識比較相關，也就是有人稱的「情感」或者是「不自覺」的部分。所以當依戀的行為發生的時候，可能你還不自覺，可是當依戀的行為越來越嚴重的時候，你感覺生活上已經受到影響的時候，這時候你的理性可能已經抵抗不了這股

原始而強大的力量，這就是衝突、矛盾、掙扎的起點。

　　的確，有遠見的同學們，經過十次失敗之後，他們終於知道，絕對不能碰手機遊戲，再怎麼無聊，絕對不要在睡前拿起手機，絕對不要因為短暫的睡不著，就去看你的 Line，只要看它一眼，深情對望之後，這股暖流，不，是種依戀的力量，就會源源不絕導入你的大腦，引領你進入原始反射的世界，理智就已經不受用了。然而畢竟有遠見的人是少數，大部分人只有受它控制的份，而且他們通常「只抵抗一秒鐘」就決定放棄，因為放棄抵抗簡單得多了。

惡性循環的「慣性行為」

　　這下一點都不簡單，且麻煩大了。因為這樣惡性循環的結果，就養成了所謂的「慣性行為」，就像是在開車的時候，呈現自動化的現象，你一定不知道每天是怎麼開車到達目的地的，那是因為你已經養成了自動化的過程，完全不假思索。

本來可能會利用到理性皮質的部分，卻因為慣性的養成而變成了不需要思索，而僅僅需要使用反射的腦區就可以了，這樣下來，你被網路或是手機所控制的部分，就已經完全進入潛意識而不自知了。

　　當你每天花了很多時間做同一個動作：

　　上網、點閱、沒有訊息、嘆氣、放下；三秒鐘後，再度拿起手機，有訊息、開心、回訊息；等待訊息、沒有訊息、嘆氣、放下、捨不得放下、還是要放下。掙扎、衝突、矛盾，再拿起來看一下？還是不要看一下？到底要不要看一下？唉、先離開一下吧？唉、沒地方去，好無聊！人生就在這樣的迴路中，你的時間就再見拜拜了。

　　許多曾經受苦的學生們，發明了一種獎賞的機制，獎賞那些只要超過三分鐘不要上網的人，就會給他點數，可是呢，我知道人畢竟是人，點數是給孩子用的，

一開始的時候就不會有人決定要用這個程式，就像我們在臨床上使用戒酒發泡錠、或者使用戒菸藥物一樣，如果沒有心要戒酒或戒菸的人，無論你開的藥物是不是仙丹靈藥，對他們來說是一點用都沒了。

嘗試改變的「動機治療」

可以借用團體心理治療，來讓這群大學生們知道別人使用網路危害有多少，讓他們引以為戒；也可以讓他們知道別人這一路走得有多痛苦，讓他們不要再深陷其中；但首先是要他們願意了解這樣的問題，並且願意做改變。我們稱這樣的一個起始點叫做「動機治療」，要讓他們先願意嘗試改變，可惜的是，我到現在發現，能夠在這個起始點就願意做改變的人，幾乎是沒有的。為什麼？

從來沒有人認為網路或是手機的使用，可以跟所謂

的菸、酒、毒品的危害相比擬，因為大家都在用，為什麼我要戒呢？為什麼別人用都沒有問題？我遇到的問題不是別人也遇到嗎？所以大家都遇到的問題，經過這樣一個合理化的過程，通通就不是問題，就進入一個似乎被約定俗成的全民合理化的過程。

的確、物極必反，許多大學生們告訴我：「搞到最後，都不想再玩了，終於覺得無聊透頂，煩了也膩了。」

我問他們：「是不是出了什麼問題？」

他們說：「也沒有啊，只是膩了、煩了。」

我們大腦是一個有趣的迴路，對於新鮮的東西會放出很多興奮性的物質，對於那些和期望有落差的事物，也會去特別注意，可是呢，人畢竟不是一個有耐心的動物，對於重複使用、沒有挑戰性，或者是一直從事一個可預期的行為時，神經興奮性物質分泌的數量，就會隨時間而逐漸減少。也就是說，對於這樣相同的行為，就不再感覺有趣，這就是一種「戒癮行為」的起點。

　　有些人喝了酒，本來只喝一瓶，就會感覺到舒服的微醺，可能半年後，要喝到半打才會有感覺，之後可能喝一打，也都沒啥感覺了。可是一旦不喝的時候，就會感受到痛苦，原本是拿喝酒來放鬆自己的，來感受愉悅的解放，可是到頭來，放鬆不見了、愉悅不見了，不管喝再多都沒用，反而是不喝的時候，會有非常多的戒斷症狀。

　　同樣的，使用網路，成癮的行為到了最後，許多因為不再感受到快樂的朋友們，一旦放下網路，情緒開始低落，人生也不再有趣，陷入了陣陣茫然、憂鬱，網路成癮的虐心程度，愛恨交錯，讓人為之咬牙切齒。

爸媽「如來神掌」出江湖

　　我在看門診時，總是有爸媽獨自前來，他們千方百計地拿到了孩子的健保卡，想要來幫忙孩子看看可不可以趕快脫離網路的控制。

　　我請爸媽坐下來，重新用爸媽的身分掛號，我好好地跟爸爸媽媽聊一聊，這才發現困擾的，竟然不是孩子，是爸爸媽媽。他們一把眼淚一把鼻涕，已經不知所措了，根本不知道該如何下手。曾經用過斷然的措施，比方拔掉電腦的插頭、拒付上網的費用、甩過孩子巴掌，可是這些斷然措施就像一把利刃一樣，切斷了親子的連結，讓孩子頭也不回、更義無反顧投奔到網路的世界裡。

　　孩子房間的門關上了、心也關上了！爸媽再也找不到縫隙和寶貝們溝通、想找孩子好好談談，也不知

道鎖在門裡的孩子究竟在裡面做什麼？半夜的時候，孩子鍵盤的聲音還在響，燈還依然亮著，爸媽雖然躺在床上，可是闔了眼，心卻焦急地等著，看看孩子到底什麼時候才要入睡？這樣煎熬的日子折磨著全家人，爸媽深怕自己多問一句又被回嗆，孩子一個不開心，可能明天又不上學，真不知如何是好。

　　媽媽夾在爸爸和孩子中間最是兩難，又怕爸爸太沒商量、太兇悍，破壞了父子關係，又擔心孩子沒人管得動，央求爸爸一定得想辦法把孩子救回來。可是爸爸下班後，圖的是可以稍微休息一下，沒想到還要面對一個比上班還要難處理的困境，火氣一上來，不可抑止的怒氣換發成傷人的言語，常常這樣，擦槍走火的事件，就見諸媒體了。

等到火山爆發，就只有逃命的份了

　　我告訴爸媽：「火山爆發的時候，只有逃命的份了，你問我孩子為了網路跟你衝突、對立，甚至情緒一發不可收拾怎麼辦？難道一定非得要等到這個時候，才來解決嗎？平常都不去管他、理他，到了失控的時

候才要求他，你覺得這個時候，他有可能會聽得下去
你的話嗎？」

　　孩子之所以會聽爸媽的話，不是因為你是他的爸或
是他的媽，而是你的表現得像爸爸、像媽媽。

　　做爸爸的能夠以身作則，在職場上盡心努力，回
家也能和媽媽一起同心掌握家的規矩，能夠有權威地、
合理地規範該做的事情，鼓勵孩子快樂地學習，同時
要設定界線，讓孩子清楚知道哪些事不被允許，或是
陪同孩子一起，討論每一個可能解決事情的方案以及
優缺點。

　　爸爸通常是一個理性的典範，同時也是一個玩伴，
他會在遊戲中，帶領孩子探索身邊的世界，去做合理
的冒險，以及問題解決能力的演練，同時帶給孩子許
多的歡樂。但是現在的社會，爸爸回到家裡，已經累

得像條狗，恐怕照顧自己都有困難，更遑論要去執行一個家庭中爸爸的角色。因此，當你沒有辦法做到這些責任時，只出一張嘴要求孩子不能做這個、不准弄那個的時候，孩子是不會願意聽你的話的！你拿出權威來，想要以高壓達到目的，是一點效果都沒的，有的通常只有反效果。

媽媽的責任在社會角色的期許下，是帶給家庭中每位成員溫暖，去做緩衝的角色，去體貼每位家庭成員的情緒與需要。可是許多現代的媽媽變得被要求要三頭六臂，除了出外工作、貼補家用，甚至要變成是家庭中的主要工作者，回家後，家庭的負擔卻一點都沒有被減輕，彷彿家裡面的所有瑣事，都應該是要媽媽做才對。

更慘的是，許多媽媽還被要求要對夫家盡孝道，對不曾經養育過她的父母，做到無私的奉獻，我常常在想，當這樣的媽，不崩潰已經很不容易了！如果再來個孩子跟妳橫眉豎眼的搞對抗，或者每天爸爸與小孩在妳面前不斷衝突，上演全武行，這時候的媽媽，簡直要變成「千手觀音」才有辦法應付。

匿名的正妹與帥哥

因為網路，孩子對爸媽的需求已經越來越減少，只要有網路，孩子看起來已經不需要爸媽了，爸媽會擔心、會失落，深怕跟小孩之間的那條線，不知哪天，就只剩下網路線了。

以前門診的時候，總會跟爸媽說：「可以用寫信的方式，來緩衝、來代替口語上的溝通，讓彼此的情緒不會因為面對面的火爆而失控，讓溝通變得更火上加油、更沒得救。」可現在爸媽，窮則變、變則通，可高明得很，許多爸媽變身，成為網路上匿名的正妹與帥哥，只要不要被識破，盡情地與孩子聊天，探索他們的內心世界，挖出許多深藏的秘密，簡直是上乘的大內武功。

上孩子的 Facebook，去了解他的交友情況，也是

許多爸媽的每日功課，可這樣的情況，竟要變成常態嗎？難道家庭的互動、連結，已經抵不上網路的魅力？親如父母都需變身暱名，才能走進孩子的世界，當爸媽與網路相比較時，你覺得你家孩子要選擇的是父母？還是選擇網路？這就要看你平常下的工夫了。

　　我看到比較成功的爸媽，其實在孩子還小的時候，就與孩子之間，形成了非常緊密的連結；他們花了很多時間陪伴孩子，讓孩子信任他們，覺得父母是可以無盡、無所求的付出、開心地和他們一起過生活。這一段記憶的連結，可以一直持續到孩子成長到青少年時，縱使他有了外在的吸引，可他根深柢固的家庭連結概念已經養成，不會輕易地被網路所誘拐、沉迷。

　　可惜許多爸媽，在孩子小的時候，可能因為忙碌而沒有時間、忽略了花工夫與兒女相處，等兒女到了青少年階段時，驚覺孩子跟他相行漸遠，才想要用各種方法來彌補，譬如買名牌球鞋送兒子、帶他去看球賽、買流行服飾籠絡女兒、送她出國旅行、贊助追星……來挽回親子之間的情誼，大部分是事倍功半、

因為親子銀行戶頭內，已沒有足夠「無可取代」的溫馨、信任、親子之愛……這般的親情連結存款，可提領出來應急了。

　　我還是鼓勵願意付出的爸媽們，即使時間晚了，只要立刻做就不嫌遲！網路上相見，也是一種管道，就算你不匿名，和孩子在網路上聊天，他也會知道你是願意與他親近的。網路是孩子的好朋友，當然也可以是你的好朋友，當你的孩子跟你在網上哈啦 High 到不行，你就該慶幸，你是肯付出，願意學習的新世代父母，你的孩子，正在用他的方式肯定你的努力，繼續加油吧！

第四章

我的另一半，
在跟誰眉來眼去

誰比情人更情人

　　大家都知道，人生很重要的幸福來源之一，是另外一半；可是大多的人都誤以為，人生如能多得一個重要的「紅粉」或「青衫」知己該有多美好，而忘了「是誰在陪伴你」、「和你一起過生活」，這些事更重要。當成為男女朋友、或是住在一起同居、或是結婚以後，彷彿就已經到達有另一半的開花結果收成，卻忘了還有彼此陪伴的重要性。

　　而這個時候有一個第三者，闖入了你們的世界，帶著無比強大的力量，比你時髦有活力、比你有時間、比你千變萬化、包山包海比你懂得更多，可以讓人予取予求，讓人沉迷流連忘返，重點是它還不抱怨、不囉哩八唆，你還有什麼機會跟它相提並論？跟它爭寵？

　　網路隨時都能聆聽你說話，可以記錄下你所說的每一字每一句，甚至可以記錄你的每一個表情、心情，也可以刻畫出你的心事與感觸；說它是寵物一點也不為過，但它比你家的小狗小貓還更有反應。我常想，當人工智慧不斷地進展時，許多電影創新的情節，機器人能有自主的思考和情感的時代，彷彿已經快要貼近我們了，那麼人們之間的友誼是不是即將被取代了呢？

　　網路另外一端的那個人是誰？

　　他可以半夜聽你說話，當你睡不著有心事的時候，他可以陪你聊天，當你沒有空理他的時候，你只要留下你的訊息，他有空也會閱讀你的訊息，不急著要求你做什麼回應。這樣沒有壓力的互動，他比情人還要更情人，甚至連肉體、感官的刺激，網路現在也都可以滿足你。

　　倘若，另外一半正投身於事業的開創期，二十幾歲開始到三四十歲，這樣漫長的一二十年間，他白天需要壓抑自己應付主管和同事，要賣笑臉給客戶，回家以後只想休息，如果可以把妳交給網路，他也樂得輕鬆。有趣的是，妳在家期待他回家以後可以給妳溫暖，跟妳談心說笑，聽妳說心事、聽這一天發生了什麼事，可是他不是躺在沙發上，就是告訴妳：「我好累！」

　　知道另一半真的是辛苦了，所以也就把自己交給網路「取暖」。許多來門診的失眠病患，當我發現治療一段時間仍不見起色的時候，我會仔細地再了解，請她回想是不是有一些不願意告訴我的「細節」，這些細節裡面藏有魔鬼！我常常需要和這些藏鏡人打仗，但我在明處，對方在暗處，如果沒有資料和訊息，我將會打敗仗，所以我迅速地取得病患的信任後，請她告訴我：「深夜裡的那個人是誰？他做了什麼事？妳又是怎樣的迷戀上他？」

深夜裡的那個誰

　　她們偷偷地告訴我：「和那個網友有曖昧，已經有一段時間了。」曖昧的字眼容易被玩味再三，有趣的笑話可以一讀再讀，對方吹捧的字眼，縱使知道是謊言，可是那種甜蜜就是讓人沉醉、捨不得放下……反正，另外一半早就累到睡得不省人事，在床頭另外一側的檯燈兀自亮著，另外一個世界，正敞開大門讓人恣意遨遊。

　　網路情人之所以迷人，是因為你們彼此不用為對方負責任，所以呢，妳也不知道對方所呈現的是不是真實的長相、個性？他也不了解妳，或許妳也躲在虛擬的保護傘下，投射不是平常的妳，這樣無拘無束之下，就會創造出很多的想像空間、很多霧裡看花的曖曖昧昧。

大腦對於一些想像的事物，或是不預期的結果刺激非常敏感，甚至很多人，是在不斷的嘗試與挑戰中，讓神經興奮物質不斷地釋放，在每次的探索行為中得到滿足。大腦對於每天重複的事情，已經不再感到有興趣，每天見到的是同一個人，老穿同一套衣服，講的是同樣邏輯的話，敘述的內容是同樣的老套，剛開始還覺得有趣，隨著時間逐漸過去，大腦已經開始厭煩。

幾乎一成不變的生活，也要「提鮮」

要營造兩個人的生活品質，必須要不斷地改變，有的人會去學習新的事物，回來和另外一半分享；有的人會去嘗試不一樣的造型，來引起另外一半的讚賞；有的人會讓自己完全無設限，給對方無限的想像；有些人會安排不同的旅行、遊樂方式，和另一半一起探索世界，去經營生活上的樂趣……

很多的伴侶告訴我：「哪有時間搞這些？都已經被生活壓得喘不過氣了。」我的意思是，這樣的生活調劑重點，並不是花在這些改變的時間長短，而是有沒有

心去「經營」幾乎一成不變的生活、對生活品質能不能有些「提鮮」。很多人聽另外一半講話的時候，常常是心不在焉，或者是沒有辦法站在對方的立場想事情，缺乏同理心，也沒有辦法在對方感受到挫折的時候，有被支持的感覺。

網路的那個情人，可以跟妳一起打電動，陪妳聊心事，但是妳曾想過嗎？如果把他想成是跟妳一起生活的人，隨著時間越來越長，在柴米油鹽醬醋茶等瑣瑣碎碎壓力之下，難保妳又不會再尋找另外一個出口。網路的確很方便，要找到另外一個路人甲不是難事，他也可以一派甜言蜜語，哄得妳心花朵朵開；可是究竟要什麼時候，妳才會覺得應該回頭，好好的經營原本的生活？

現在的低頭族越來越多，一堆情侶在咖啡店喝咖啡，也大多是拿著手機各自在上網，如果不能做一些約束，讓彼此眼睛可以再度的聚焦，那麼這對伴侶的情誼也會逐漸褪色。雖然我們不得不承認網路的迷人，但是人生的這段旅程究竟是要怎樣過下去？你將選擇實體或虛擬的誰？陪你一起走完人生的旅程呢？你相

信網路裡、雲端中的她嗎？如果你說不相信，但是你卻花這麼多時間在她身上？如果你說你還是相信你的另一半，可是你卻花這麼少時間看看她、關心她，你覺得到頭來會是什麼結局呢？當另一半跟你講話的時候，你可以決定，該不該好好聽她在跟你說些什麼。

從天而降的陌生人是知己嗎

「心事若無講出來，有誰人會知？」這是一首曾紅極一時，蔡振南作曲作詞的台語歌。

你敢不敢在網路上說出自己的心事呢？還是你只是隨口說說而已？大多數的人現在都學會練瘋話、唬弄別人，PO搞笑的貼圖，輕鬆一下，但是，幾乎沒有人願意在網路上認真說心聲。還記得無名小站的時代，大家願意把自己內心的秘密用密碼鎖住放在網站上，可是隨之被輕鬆破解後的下場，令人錯愕、悽慘。現在還有人願意在網路上寫日誌嗎？

人的本能及心理需求中，分享通常是一件讓雙方都感受到愉悅的事情；分享的一方覺得自己比較優越，也能夠藉由分享來克服過去種種心理障礙的情結，或是分享後能從對方的滿足裡得到成就感，分享也是或

是拿來作條件交換的一種籌碼。最近英國研究發現，不同的分享方式象徵著不同的人格型態，譬如說有人喜歡放閃照、放閃文，可能與過去成長背景所遭遇到的經驗有關係，象徵著分享這樣的一個活動其實滿足了非常多人類不同的內心需求。

找不到出口的秘密，在網路找到棲身之地

門診的病患裡，很多人是在現實生活中找不到可以信賴的對象，或者覺得自己的秘密，是不能輕易向身邊的人述說的，一時找不到出口的秘密，於是在網路裡找到棲身之地。

青少年們會很容易地相信別人，覺得所有的別人都比爸爸媽媽及老師要好，那些網路上的網友，從來不會批判他們分享的事情，不會糾正他們過程的錯誤。在網路中，他們感覺到遇到的是知心的大哥哥、大姐姐們，我好幾次還遇到最後這些大哥哥們、大姐姐們，衝到他們的家裡面去，與他們的父母理論，要求他們的父母要改變，產生了巨大的衝突。

大人相較於青年人使用網路分享心事的方式，則

小心了許多，因為過去吃過被破解、被駭的悶虧，所以已經不太敢在網路上透露心事。他們知道所謂知音難覓，所以小心翼翼地試探著對方的反應，才敢一步一步地與對方建立關係，或者有一些人就只是在自己的網誌裡面留言，留的是一般般的生活瑣事，心事的部分則用密碼鎖起來，這樣成熟地使用網路和現實生活裡的經驗過程很類似。

　　通常失控的是極需要被注意的人，不斷地使用網路來展現自己需要被關心、被注意，這時候總是會有人逛進來插一腳，介入你渴望的被需要關心。

　　可是這樣的需要，有時候會造成對方的負擔，因為不該付出的人，不該在這裡付出；不該接受別人關心的人，卻在這裡被關心，界線被打破了，遊戲就變得不好玩了。

　　你「以為」的顏如玉，是因為每天都聽到你訴說情

意，不斷地付出關心，對你無心的隨手支持，卻被你當成是永恆的知己，你以為自己找到了難覓的知音，可是對方卻了無他意，就容易衍生出認知上面的巨大差異。很多社會事件正因為在網路上的關係不明確、被誤會，最後現實狀況難以被接受，因而產生暴衝的不可收拾行為。

認知上的失調不是一個心理名詞而已，而是在現實生活中每天發生的狀況，當你的期望和最後的結果有落差的時候，會引發出很深層的失落和挫敗的感覺。特別是當人類的內心需求，是渴望有人聽得懂他說話，可以知道有一個人可以依靠的基本安全感，在透過網路的對談中，慢慢被建立的同時，如果被一夕之間的當頭棒喝打碎時，會陷入極度的恐慌。許多網路的使用者到門診來時，哭訴著被欺騙、隱瞞了，我通常會先問：「被騙了多少錢？」可是大部分的人會告訴我：「沒有金錢上的損失，卻是對人心人性的信任感，從此破滅。」

怎麼會以為，一個陌生人不是陌生人

不僅如此，他們從此墮入一個不斷在迴圈中找不到出路的自怨自艾問號，這個問號通常指向的是「別人為什麼要這樣對我？」但是經過不斷地開導、澄清，其實這一路都是他們自己懷有一廂情願、不合實際的期望，他們才明瞭這個問號其實該問的是自己：「怎麼這麼傻？」、「為什麼要這樣期待對方？」這又會是怎麼樣的情境，會讓他們把所有的希望放在網路上的一個陌生人呢？甚至是個未曾謀面過的陌生人，你怎麼會以為一個陌生人不是陌生人呢？

原來，他總靜靜的在聽你說話，原來就像小說裡的那個夢中情人，溫柔體貼，文采風流，能夠了解你所有的心思；還可以無條件的挺你，看似可以保護你的港灣、給你安全的依靠。就因為這樣的心理感受，那個網路上的守護神，就給了你一個安心的力量，讓你以為找到了網路中的體己知心人。

網路的對談，其實是一個跟自己心裡對話的機會，從打出的字眼裡，可以看得出來自己的需要和自己的期望。在這樣的互動裡，有能力用自我察覺的方式，來看自己與對方互動的人，畢竟是少數；大多數的人沉醉在一廂情願的幻想裡，這樣的幻想就像戀愛一樣，充滿了夢幻般的旖旎，情人眼裡出西施，看不見對方的缺點，看不見對方的真實身分與背景，只要有他，一切就心滿意足了。

　　網路女神的存在與宅男的互動，的確是一個新興的市場，給人無限的想像空間，也保護著這些平常不敢邁出家門，羞於與他人互動的阿宅一族，更有一群是懶得出門的人，可以穿著睡衣睡褲和別人情話綿綿，這樣的輕鬆自在何樂不為呢？

　　網路女神之所以為女神，是因為網友的賦予，讓她成為支持你的擁護者，你以為你給了她所有，她也

會給你全世界？網路的迷人之處，就在迷濛之中，彷彿是從霧裡看到了遠方的燈塔，不斷地朝它奔去、宛如夸父追日般無怨無悔，以為那就是你的天你的地！卻不知這其中從哪來的安全感和信賴感的建立？其實，是你自己憑空賦予網路的力量，讓它成長、讓它掌控著你。所謂知己，其實該說，只有你自己，才知道你自己！

面對網路第三者，
你會怎麼處理

　　當妳看著另一半在餐桌上，拿著手機與另外一個人開心地聊天，或是 Line 來 Line 去發出呵呵、哈哈的不斷笑聲，妳會為他慶幸有分享喜怒哀樂的好友？還是該若有所思？這人怎麼不是我？怎麼會是這從哪冒出來的第三者呢？那表示我得加把勁了。

該給另一半隱私空間嗎

　　還記得上一次，另一半在妳面前開懷大笑，是多久以前的事嗎？可是網路為什麼有這麼大的魔力，讓常不開心的另一半可以展開笑容？還是妳應該慶幸，所有兩人之間的不愉快，或雞毛蒜皮的瑣事，都因為

有了這第三者的介入，一切陰霾都被掃蕩一空；所以妳應該心存感激？

　　還記得當初兩人「非卿不娶、非君不嫁」的濃情蜜意嗎？凝眸對望的款款情深，怎麼這種眼神，現在是出現在他與手機對望的時候？是不是應該敞開心胸，給另一半最誠摯的祝福？只要他開心就支持他，可是心裡總覺得怪怪的，到底要不要問他一下：「網路那端是誰？為什麼能讓人如此開心？」還是該給另一半隱私的空間？

　　在時下自由競爭的社會，講求的是「開放市場」，不像早年婚姻是「壟斷市場」，只要簽了婚約，就可以理所當然的綁死對方；也難怪有人說，世上最難讀的書，叫做「結婚證書」。在科技如此無遠弗屆的社會，家庭主要敵手，其實就是網路；從小父母和學校都沒有教我們如何來「禦敵」，而網路的互動花招又常推陳出新，甚至挑釁「不怕你來、只怕你不來」的公開召喚。

當另一半使用社群網站，妳也可以試著上去看看，當他傳照片，妳也可以傳影片；當他傳笑話，妳也可以在他面前搞笑。目的是讓自己與他也有保持距離的美感，預留給對方空間的一種尊重，減少了兩個人之中，只存在現實生活中難免的瑣碎摩擦，與被期待的壓力關係。

　　在網路與人的互動關係中，值得我們去學習的是不給對方壓力，不對另一半有太多的期盼，輕鬆自在地打屁、哈啦，反而是可長可久的一種關係。過去「牙齒不免咬到嘴唇」緊貼一起的家庭互動，給予了太多以愛為名的束縛與壓力，甚至因為一方一味地為對方著想，而不問另一半是否樂意接收的付出，而導致非常多「誤以為天經地義」的不合理期待，這樣的愛，讓人喘不過氣來。

偶爾，讓彼此都放下手機吧

可是有一種情形，當你因為競爭不過神秘的小三，而採取扼殺的非常手段，想要奪回主導權，無法認真面對你的競爭者優勢，這時候與另一半的關係，會陷入一種衝突、甚至激烈抗爭。許多的人會要求另一半在用餐時不要使用手機，在兩人相處的時間不要用網路。在那一刻只屬於彼此的時間裡，不要有第三者介入其中，這未必不是一種釜底抽薪的方法。

但是若未能配套，將導致更進一步的疏離，甚至導致對方的憎恨。我的確要說，許多人因為時間與生活都被網路佔據了，留給另一半的空間少之又少，讓兩個人的關係漸行漸遠，讓家庭的概念越來越模糊。可是，如果每一個人都能稍微地限制自己，在家庭互動的時間裡，能夠保留給另一半私人的時間、空間，家庭的這個組織，才不至於因神秘小三而支離破碎。這有賴於每個人的自制力與相互提醒；我擔心的是，有這麼一天，家，這樣的一個概念，最後會變成網路的一個附屬，要找家人，得上網去搜尋，這位家人流

連忘返在哪？

　　很多人會說：「現在的人，都可以多工處理不同的事情，一面使用網路，一面與家人互動，已經成為現代人生活的一部分。」你當然可能一方面在網路上聊天，一方面同時在與家人用餐，所以原本的兩人關係，就因為對方連結了網路，就從原本「點對點」的關係變成了「網對網」的關係。這樣的關係，素材變豐富了，資訊的內容變得更多元了，也可以了解另一半在不同面向，所呈現的各種不同角色與性格。

　　期待另一半用什麼樣的方式來與你互動呢？妳也可以試著去尋找他在其他的關係中所呈現的樣子，然後和他所相對應的樣子，做學習，那這樣也沒有什麼不好。時代在改變，科技在進步，如果可以從網路中學到新的人際互動技巧，進而穩固家庭的關係，對家庭的成員來說，都是好事。如果有一天，發現當與另一半互相凝視的時候，已經覺得很陌生，妳還記得彼此曾經有過的情有獨鍾嗎？

　　研究發現，人與人互動的線索裡，看人的眼神是很重要的親密關係的來源，當你看到對方濃情蜜意的

時候，腦中會分泌幸福感受的化學物質，也促進對方與你的進一步互動。而且從對方與你深情對望的眼神，完全能體會到眼睛會說話這件事；可以分別出他不同眼神的各種意思。好比發現，像是自閉症的人在眼神交會的這方面能力比正常人不好，因此，他們也比較沒有辦法有同理心。

我擔心的是，當使用網路作為溝通的唯一橋樑時，人們之間的眼神接觸就會越來越少，特別在伴侶的關係之間。如果深情對望的時間減少了，兩人的親密感就會逐漸地下降，無形中幸福就會越離越遠。

而且因為少了眼神的互動，與另一半能夠易地而處，設身處地為另一半著想的能力也會逐漸地減少，這種種不利於家庭成員互動的方式，對於家人間來說，的確是一個隱憂。當家人成員中已經沒有辦法知道對

方在想什麼時，那麼家庭這樣一個互相信賴、彼此維繫的平台，可能就會隨之瓦解。回歸家庭吧，好好看著你的另一半，深情萬千的凝眸一望，哪怕是多一秒，就足以天長地久了。

第五章

搭科技順風車，
可直上青雲嗎

誰？才是原創

現在大部分學生在交作業、打報告時，都知道要上網去旁徵博引一番，或揀現成來充數，隨手用來完全不費工夫，所以老師們的對策，就要發展一個軟體，去檢查學生抄襲的重疊律。

踩在前人的肩膀上往上爬

踩在前人的肩膀上往上爬，是省力很多的，這樣的方式對於網路的使用者來說，真的是提供了一個便捷的管道，把 A 加 B 變成 C，這就成了創意。所以很少人願意花心思在做第一道的工夫，甚至在做這樣的「第一次」的時候，還是需要先上網去檢查一下，你要做的事情，是不是別人已經做過了？所謂的腳踏實地、日出而作日落而息，適不適用於網路時代呢？我們還

是來談談要怎麼收穫先那麼栽吧！

　　透過網路搜尋，雖然很容易抄襲別人的創作，也可能有快速成功的機會，但容易得到的，也容易失去，所以，你節錄抄來的東西，也可能很快就被抄走。

　　現在很多的創作者變成是用「手工製造」，或者是加設很多層次的關卡，把真正核心的技術鎖住；所以往往在網路上得到的東西，通常只是表象，只能夠一知半解。

　　用這樣的半瓶水，再去複製做出來的東西，常常會讓人悔不當初，可能賠了夫人又折兵。所以在網路上呈現的東西，大多虛假參半。

　　為了不受網路影響，很多人還是選擇走原創的路，堅持做自己，雖然走得比較辛苦，但風險少，若加上懂得運用網路優勢，原創結合傳播、通路銷售，亦可藉由網路傳遞得更無遠弗屆、更聲名遠播。

真真假假的資料庫

　　許多學生告訴我，他們在網路上找到作業的答案，讓他們更省事，同時也學到豐富的知識，參考別人的東西讓他們更有自信。現在的人，不去 Google 一下好像就不敢講話了，甚至在台下的聽眾也會把講師的內容 Google 一下，看看講的是不是真的。最後網路的資料庫，變成一個大法官，作為仲裁者，而沒有人會去想想這個資料庫是從何而來？彷彿網路上的東西才是真的。

　　來門診的病患，也會拿著許多網路的資料來詢問醫生，當這樣以訛傳訛的資料不斷地發散時，影響的層面相當廣，而且形成一股很大的勢力，而沒有空在網路上累積資料，或形成一個粉絲俱樂部的專業人員，最後變得力單勢薄，在誰粉絲人多，誰就是對的情況下，到最後，事實在在證明，不聽專業人士建議的人，吃虧的是自己。

科技新貴的柳暗花明

　　躁鬱症是一種情緒的疾患，通常患者剛開始的時候是因為憂鬱或者挫折無法承受，然後自己會去找彌補或是克服低落情緒的方法，不巧的是，有時候會做得過頭了，情緒就 High 了起來，總是以為自己是對的，別人都是錯的，或者陷入自我為中心的思考，會亂花錢、漫無目的地愛講話、愛亂跑，最後可能因為這樣常常與人爭吵、沒有辦法完成原來該做的事情、沒有辦法控制自己的情緒，會讓他們吃足了苦頭。

網路的世界，恰巧滿足了這類的患者自大的言論，

因為在現實生活中，可能有人會知道他們的真實面目，會去拆穿他們、讓他們無法自處，但在虛擬的網路中，他們可以隱藏自己，強調自己有能力的那一面，組織社群、成立粉絲團等等。但是事情總有爆發的一天，往往就這樣就發病起來，產生狂躁的現象，導致不可收拾的後果。

　　我有幾位躁鬱症的患者，經過了疾病的煎熬和挫折，最後決定反璞歸真，學習去做農夫。他們藉由科技帶來的飛速與便利，在職場闖出一片天，心隨著科技優勢橫衝直撞，自詡無所不能；但最後卻造成身心莫大的壓力，讓他們毅然決然離開城市，到鄉間從鬆土、挑水、耕種、除草、施肥，步步從頭學起，他們說：「腳能夠踏著土壤，抬頭能見一片天的感覺，這才叫自在與踏實啊！」

　　其中一位，是某科大畢業的資優生小季，總是汲汲營營想從網路學習到如何賺錢、設計軟體來創立公司，不料事情越演越烈，誇大的自戀、妄想、漫無目的地投資，帶給他接踵而來的許多痛苦，連帶家人也

跟著憂鬱起來，一起掛門診求助。有趣的是，當小季平靜下來，跟家人說想離開到鄉下當農夫這件事情，竟然沒有人能同意他「以高學歷去當個不起眼的平凡農夫」。我鼓起勇氣，幫小季說服了爸媽，幾經波折，終於讓他到鄉下「體會平凡」，在那裡，小季學會和人互動、交換著彼此耕種的成果、學會感恩大地，可是父母親，仍然不斷擔心小季一輩子就要這樣繼續過下去嗎？

重新經歷「從做中學習」

我和父母親討論著科技帶給小朋友的危害的同時，許多父母親的想法，脫離不了迷思，認為該讓小孩搭著科技的順風車，日後當然可以直上雲端。矛盾的情結，就像我們知道身受網路其害影響，卻甘願受臣服受控制一般。

我建議讓孩子重新經歷「從做中學習」的樂趣，先從打工開始做起，回到「現實」、回到「生活」、回到與「看得見的人」互動相處；慢慢的，他們的情緒穩定下來了，不至於好高騖遠、不至於在現實環境中

不知所措。他們會跟我說：「埋首在網路上已經有很多年了，但是總覺得漂浮不定、沒有根的感覺，雖然夢想很多、看起來網友很多，可是真正發生事情的時候，卻沒有人挺身來協助。」

我不禁想起小季這脫胎換骨的農夫，帶著他的收成作物來看我，一身的陽光、笑得燦爛：「看著種子生根發芽、在風吹日曬雨淋中茁壯、結實纍纍，收成時的成就感，讓人感動得直想落淚。當個農夫，雖然孤單的勞動、天地間的大自然，卻教會我生命的律動，這種充實感，讓我新生了。」

我問他：「你喜歡當科技新貴？還是當農夫？」

「當農夫的時候，每天腳踏實地的做事，想著有多少雜草還沒拔、害蟲該怎麼除，才能把農藥的污染降低，時間雖然一晃眼就過去了，但心很篤定。要不是因為媽媽的憂鬱症又發病，我得暫時中斷當農夫，我才規劃好，要把從科技大學所學到的一些本事，應用到農務上呢！」

科技，讓我們已經不知道自己要什麼了

　　科技新貴有網路可以使用，人在無形間也跟著高來高去；漫無目的、虛無飄渺的心思，無處可去，雖然有公事在 mail 來 mail 去，有人在他的 Facebook 按讚，也有人跟他 Line 來 Line 去，可是不知怎麼地，總有漂浮不實、真真假假的感覺令人茫然。在農田耕作，小季幾乎不會想到去用手機或網路，每一個動作雖然看起來都是單調的，意義卻讓人欣慰。

　　科技或網路帶給我們的，是不是已經超出我們的需求太多了？以至於我們已經不知道自己要什麼了。當自己不知道目標是什麼的時候，就會陷入好像飄在半空中的徬徨、猶豫，變得焦慮起來；反之，簡單的耕作與勞務卻是讓農夫知道自己可以從耕耘中獲得什麼，清清楚楚的目標，果然可以讓人有充實的每一天。

　　躁鬱，是不是也跟科技時代有關係？是！

　　是不是網路也可以造就一顆不平穩的心？是！

　　最後受害的，可能還是自己。

　　宅不宅，不是重點，重點是你有沒有一個簡單、可達成的目標，然後你付出努力，去獲得一個安定平穩的心情，腳踏實地過每一天的生活。

有膽，就不要使用網路

　　有位當大學教授的媽媽告訴我：「我家沒有網路，也沒有電視，家裡的四面牆壁都是書櫃，小孩休閒就是找本喜歡的書來看，看完了，去屋外社區玩，沒玩夠，就和鄰居小朋友結伴去公園玩；寒暑假我們帶出國玩，所以我家小孩從來沒有手機，但他們都不以為意；小孩要找爸媽，只能打公共電話。」

　　這位媽媽四處演講，鼓吹拒絕網路與3C，可是小孩在學校時，聽見同學在討論電玩的內容只得默默閃開，也沒有辦法和同學聊聊昨天的電視影集的劇情。有一天，老師要求一個作業，需要上台報告，許多同學從網路上下載了很多漂亮照片和資料，可是教授孩子的資料，都是從圖書館和家中的書籍影印來的，相形之下，有點陽春。教授媽媽不得不思考：「什麼時候

開放小朋友使用網路？看同學在玩 Facebook，他們還搞不清楚 Facebook 是在幹嘛？可是沒有網路的生活，孩子不也挺自得其樂的嗎？」

　　我只能說：「不愧是教授，這位媽媽您真行！」

　　我演講的時候，問在場的媽媽：「妳們有沒有曾經因為自己很忙，就把手機交給身邊的小朋友，叫他安靜不要吵？」幾乎所有媽媽面面相覷、笑得有些不好意思。小朋友一黏到網路上，吃過甜頭以後，幾乎就是每天自動會跟爸媽要手機玩，這時想要拒絕他就變得很難了。

　　沒有使用網路的人，在時下的社會已變成極少數，如果你的電話聲響起，拿出來的卻是傳統手機，那麼你可能會被四周的人打量一番；不上網的代價除了不方便之外，還要能抵擋得住外界的異樣眼光。我依稀還記得那個很行的大學教授媽媽怡然自得的生活，可是其他人卻還是指指點點，像她這種教導方式，帶給小朋友的合群問題，看來不用網路，還真的是要很有智慧的不簡單。

這算不算是種職場剝削的霸凌

　　許多職場新鮮人告訴我：「剛上班很緊張，半夜睡不著，甚至惡夢連連，也有幻覺出現，總是聽見簡訊或 Line 的聲音。」不少老闆善用網路，日以繼夜的用簡訊、用 Line 或電子郵件來交代工作，甚至是緊急的任務；擔任屬下的同仁，萬一稍有閃失，錯過重要指令，因而遭上司斥責或丟掉飯碗；這算不算是種職場剝削的霸凌？

　　擔任上司的人，要求在網路上討論事情，可是許多下屬不敢隨便發表意見，怕留下文字上的證據，因此只敢留些應卯的敷衍想法，老闆或責怪下屬跟不上時代，或覺得員工本來就該以「公事為重」，理該 24 小時候命，勞資關係因這樣的咄咄逼人而變得緊張。

　　網路本來是促進溝通的工具，可是如果沒有考慮到

尊重他人，或者給予新科技過高的期望，忘了人非機器、人有人性，需要休息，可能最後新科技帶來的不是方便，而是單方自以為是的傲慢與災難。

常常令人害怕的訊息「已讀未回」，變成現代人的夢魘，所以道高一尺地就乾脆選擇不讀，網路帶來迅速的即時反應，對於個人時間的侵犯及打擾，已經讓人厭煩與無奈，想偷個閒發發呆的獨處，都變得奢侈。

門診中煩躁的病人越來越多，天天、時時都要對不同問題來源給予立即回應，需要片刻不寧的接收別人的動態，打亂了自己該做的事情。大腦不斷不斷地在各種外在刺激中轉換的結果，無法感受到平靜或快樂，要執行事情的時候，力不從心的交瘁，令人疲憊。網路帶給人的便利背後，值得深思！我們使用網路，但千萬別被網路任意穿梭搞破壞、日夜霸道的深入操控生活。

塑造慣性與打破慣性

大家已經習慣使用網路了，不知不覺的依賴令人

矛盾，不上網心裡忐忑不安，用了又怕被影響，不論是隱私、心情、人際互動等等，一旦建立了使用的慣性，就變得不會再去在意用網路時「被牽著鼻子走」的擔心。

每次門診的時候，總有人問：「小孩每天回家第一件事就是上網，而不是做功課、看書，該怎麼辦？」

我會列一張表，請家長回顧一下，當初是怎麼開始上網、怎麼頻繁地使用、又怎麼變得不用不行。大部分家長會回答：「已經不記得了。」可見得慣性的可怕！大多數家長的認知，是要求醫師想辦法「立刻」打破慣性。

我認為，從內到外的改變是比較理想的，也就是從認清楚網路已經帶來的失控影響，由內心來產生想要改變的動機。但多年來的治療過程，我們發現大多數已經過度依賴網路的人，是不自覺、且不認為自己需要改變的，所以從改變的動機上著手，是常常失敗或氣死人的。

另外取代的方式，就是由外而內的方法，如果針對已建立不良習慣的人，要重新建立一個好習慣，是

需要長期抗戰、持續投入、不能放棄，才能夠有一點
點改變的。通常分成逐漸改變法，使用斷然措施的劇
烈改變，在經歷過許多砸壞電腦、拔掉網路、親子激
烈衝突，甚至動手毆打之後，許多人不堪重大改變而
走向絕路。林林總總，告訴我們，逐漸改變，是種比
較緩和、且可被接受的路。

　　有一位媽媽聽完我在門診所說，回家抱怨爸爸總
是管不住小孩，爸爸在媽媽的抱怨之下，把氣轉移到
小孩子身上，揍完了小孩，親子關係從此就再也回不
去了。小孩回家就是關在房間，躲進網路世界，爸爸
看到之後更火大，把電腦砸了，小孩隔天上學後，晚
上就沒回家。大家嚇壞了，最後是老師發現，勸住在
教室頂樓徘徊的他，否則後果真不堪設想。

　　我常提醒家長，問題是「長期累積下來」的結果，
就知道想改變的「長時間付出」是必要的。

　　你的競爭對象是網路，優勢是聲光五花八門的繽紛且出入自由、方便，如果你評估自己的優勢，只是「我是你爸爸」、「我是你媽」，那未免太高估自己，下場可能就會像上面說的那位爸爸，不只輸了自己，也輸了孩子。

　　如果要使用認知行為治療，就必須知道網路對當事人的傷害，因此就要改變使用網路的習慣，但是因為網路對於身體的傷害是慢性的、而且常常被忽略。譬如最常知道的是對於眼睛的傷害，近視加深、黃斑部病變；或是因為長期姿勢不良，引起頸部或背部脊椎傷害，例如椎間盤滑脫、椎間盤突出、慢性筋膜炎，或是坐姿太久引起便秘、痔瘡、前列腺炎、膀胱或尿道炎等；或是疲勞狀態下引起長期頭痛、失眠等。不要忽略這方面的生理受到傷害的證據，因為往往人可以接受改變的理由，是因為對身體有害疼痛難挨，所以被迫需要改變，這樣子才能邁出改變的第一步。

　　話雖如此，我對於靠理智去理解到網路會讓身體已經出現問題，而讓重度網路使用者打退堂鼓，是非

常沒有信心的，原因是因為這樣沒有顧慮到每個人的個別情況，要認識自己的問題，首先理智要能克服情感上的依賴。請問一下，如果你已經依賴網路成癮了，不是象徵著你的理智可能比較薄弱嗎？所以要單靠理智來克服網路成癮，通常是不可行的。

我之前談到，讓大家瞭解到問題產生的歷程與影響，大家一定已經了解到「預防最重要」，可是大多數的人是到了問題已經嚴重到非處理不可，才會來就診；而不是在問題一產生時就能夠辨識處理。因而處理起來非常棘手：已經不想上學或無法上班的孩子或大人、脾氣火爆、晚上不睡覺、親子衝突不斷、網友問題、人際問題等等，剪不斷理還亂。

這時需要旁邊的親人一起處理，首先要做的是評估事態的嚴重性，除了影響生活、學業、事業層面外，還有可能已經合併有身體或心理上的問題，我們要找的關鍵，通常已經是經過長時間惡性循環的結果，變得無法認清楚當初問題的全貌，所以這時可選的兩個方向，一是向周邊的人尋求各種線索，繼續努力拼湊出當初導致過度依賴網路的樣貌。二是先不管當初的

問題，努力找出現在生活中足以取代網路的其他重要人或事物，這件事情，同樣需要許多人的協助，所以需要了解到之前的興趣、專長、嗜好；或者是在乎的人是誰，要鼓勵他回到原來的軌道上。

剩下最重要的事情，就是要長時間的堅持與彈性，遇到問題時不能放棄，旁邊的人與身在其中的人，要彼此鼓舞。最近門診的一位年輕人才來告訴我：「醫師，我終於大學畢業了，想到當初因為沉迷網路與家人衝突，幾次出手毆傷媽媽，媽媽寧可自己跑到急診室去包紮治療，也不想讓我鬧進警察局。我爸把所有問題，都怪罪是我媽寵小孩的下場。唉，多虧了這兩年的治療，讓我才能從大學畢業。」這年輕人能有今天，真的一定要好好謝謝他的媽媽，媽媽為孩子好的耐性與永不放棄，真的很偉大。

網路成癮的替代方式

　　當集中注意力，在找尋哪一種方式可以取代原本過度依賴網路時，同時要分散原本使用在網路上的注意力，因為當想擺脫網路的依賴時，不知不覺中，會時時刻刻注意網路，反而又把焦點放在網路上，而放大了網路對你的影響；所以一般狀況下，我會建議積極的使用替代方式是比較可行的。但是由於原來集中注意力在網路的使用上已經成為習慣，而且網路的刺激的強度，遠遠比其他可以引起注意力的強度要強很多，所以要分散原有在網路上的注意力是比較困難的。

　　替代網路成癮的好方式，除了要考慮個人的興趣、嗜好之外，這件事情對他的吸引力、重要性，以及可以達成的難易度，均是考量的因素。如果只片面的以為找到一個有趣又有吸引力的活動，但是當事人完全不想去做，表示他已經進入無動機症候群階段。除了網路之外，已經沒有其他事物可以引起他大腦的注意了，甚至他繼續使用網路，只是避免自己有不舒服的感受，而並非覺得使用網路是件有趣的事情。以嚴重程度來看，必須小心這時可能會合併有重度憂鬱、焦慮、躁鬱等狀況，可能必須轉介專家如身心或精神科的治療。

　　如果網路使用還在初期階段，而不是嚴重的狀況，有可能只是產生麻木、疏離的反應，而並非上述對於別人的對答與反應變得很差的話，初期的問題，可能的解決方式可以考慮嘗試與他人多接觸、多講話、多活動，藉由將注意力重新轉到實際生活上，簡單的說，就是「活在當下」！這樣可以早點脫離困境，不要等進入到嚴重的網路使用，產生難以解決的問題時才尋求解脫。

從「被動的選擇」到「主動的搜尋」

可以想想每天正在做的事情，讓它變成是可以吸引你、讓你感受到快樂的一件事情，舉個例子來說，從「被動的選擇」改成「主動的搜尋」，例如要吃一頓飯，如果是人家要你吃什麼你就吃什麼，那麼就比較不容易感受到快樂，如果透過思索、自己去選擇，去享受一頓自己搜尋而來的美食，這樣的愉悅程度就會增加了。譬如安排一趟旅行，可以是自助旅遊，也可以是半自助旅遊，也可以是現成的套裝行程，重點是這些是「你所選擇」的，這樣在旅遊中間的樂趣，就比較享受得到。

透過實際生活的活動安排，就可以重新讓感官或心智的能力增加，其中牽扯到的執行功能包括計畫、比較、忍耐挫折、耐力，還有轉移注意力等等……這樣其實就會動到各部分的大腦區域。在享受著自己所選擇的成果時，大腦的愉悅中樞所放出來的愉悅因子，也會明顯增加；這中間最重要的因素，就是所謂的「動機」！

因為有了選擇、自行決定，而增加了動機

人的動機，常常因為有了選擇，以及自己可以自行決定而增加，不管結果如何、過程如何，就能比較容易去忍受辛苦，甚至也比較容易享受到苦盡甘來的結果。

但是在重度使用網路的人身上，最常出現的，是對事情已經不太感興趣了，所以他可能吃東西吃不出味道、或者出去旅行，會對周遭的事物視而不見，甚至跟別人談話的時候容易心不在焉，更別說在上學或上班的時候，坐在椅子上，注意力卻無法集中，可能什麼事都引起不了他的興趣時，那就墮入了無動機症候群，需要專家的治療了。

有沒有人在一旁陪伴非常重要，旁邊的人可不可以耐心的不斷給予鼓勵、支持，或適時的修正方向，給予指導也很關鍵。很多身邊的人會覺得這樣太辛苦，或是無法負荷一直不斷有新問題產生的挑戰，提早放棄；又要重換人去支持他。如果能有一個相互支持的網絡，可以互相支持、加油打氣，事情就比較有機會

改善。

　　我發現，在缺乏動機的人身上，要重新點燃火苗是很辛苦的，我們常常聽到許多人提到他生命中的啟蒙老師時，都心懷感激，那表示生命中火苗的醞釀，其實除了靠自己之外，很重要的是身旁的那個人，能不能用他的耐心、仔細呵護著好不容易摩擦出來的那一點星星之火，防止其他事情來吹熄這把小火苗。

　　譬如說，我發現在門診裡，其實有很多小朋友在小的時候，可能對於玩積木有興趣、玩拼圖很開心，可是一旦接觸到電動玩具或3C、手機之後，就不再對繼續玩積木、拼拼圖有興趣，原來在生活中的一些有興趣的小火苗，就被如同大洪水般的3C、手機給澆熄了。所以身邊的人就要細心觀察回顧，小火苗在生活中的哪個領域，可以被重新點燃，再慢慢的呵護、火苗才能夠慢慢的燃燒起來。

　　爸爸媽媽的參與其實很重要，孩子玩積木時可以一起玩，大人若在其中感受到樂趣，小朋友也比較容易感染到樂趣。很多大人錯誤的方式是，下指令叫小朋友去玩積木或拼圖，卻不陪他們一起玩，這時候小朋友會覺得被強迫、沒有選擇權，所以沒有辦法樂在其中。

　　任何轉移注意力的活動安排，若沒有人可以分享，這樣分享的樂趣就減少，對孩子來說，也無法取代原來的網路成癮。所以有父母的示範和身教，孩子就比較容易成功地重新塑造他的興趣，成功地轉移注意力。

捲入網路海嘯
你能全身而退嗎

　　剛接觸到網路的人，或許會對每一個網站感到新鮮，可是在日復一日的接觸下，原本有趣的事物也容易退流行。如果你只是漫天隨意的瀏覽，尋找有趣的見聞，在平凡無奇、或是瑣碎細節的網頁中，就像走過一個平原，放遠望去都是一片雜草，如何找到萬綠叢中一點紅？

　　每個人的本事不同，長期網路使用者因為在網路上耕耘了很久時間，所以變得很擅長在網路上尋找答案，事實上我們知道，在找尋答案的同時，有很多等待的時間，而許多人的時間，就在這搜群引擎的延宕

中溜過。門診中許多重度網路使用的人說：「我會趁這時間去做其他的事情，反正等一下就好了。」但是我發現這個等待的時間，讓人的脾氣變得容易波動，容易不耐煩，當你一心一意的等待你的答案出現的那一剎那，同時間你也在心中累積期望，如果期望不如預期，可能帶來的失望，又得再進行下一波的搜尋，然後你必須要繼續等待，忍受不確定，然後繼續專注在這件事情身上。

這樣的活動與專注，消耗掉了你許多的耐性，但你卻渾然不知，等到現實生活之中你要做事的時候，你會習慣性地專注在達成自己所期望的目標上，不允許有其他的答案，在不斷地要求繼續重複動作下，變得容易不耐煩，甚至在與期望不符合的情況重複出現。

但現實不像網路，可以不斷搜尋的可能性，現實生活中可能沒辦法經過不斷的嘗試，便可得到滿意答案時，容易產生挫折。就像走過草原，卻沒辦法找到心喜的花朵，會有一點失落。可是你也可以抬頭看看天空的雲朵，或感受一下微風的輕拂，或滿地的草香味，這樣彈性的調整期望，重新從不同的目標設定中

滿足自己；於是單調的草原變得處處有驚喜。

　　彈性調整，是我們心智活動中很重要的主動迴路，對於計畫趕不上變化下的挫折、忍耐力，非常重要；重新設定目標則與行為的反應有關係。

　　長期使用網路的人，常常是態度比較堅持，想要什麼非得一定要得到，或者做什麼事情一定要按照他們的方式來做；但在現實生活中，付出的努力不一定能夠得到相對的回饋。

　　譬如你對於喜歡的人可以用各種方式去討好，可是不代表他一定就得喜歡你。縱使你經過很多的努力，每一個人還是有他個別的喜好，所以當表白被拒絕的時候，你會覺得是天涯何處無芳草？還是你只單戀一枝花？許多社會案件的發生，背後都可能有跡可循，而最近許多殺人事件等，追查始作俑者的過程，發現

可能與過度網路使用的習慣多少有關聯性，我們也必須在成長的過程中知道：找不到的花朵也許很美麗，會令人失望，但四周的景色也許更精采，也許更不容錯過。

生活樂趣，需要家人齊心經營

許多研究指出，人類的幸福感的來源除了最基礎的身體健康和家庭幸福之外，還有很重要的是能夠做自己想做的事情、有成就感，自我實現等等，其中影響幸福感的因素，其實與自己和其他人互相比較的結果有關係。

身體能夠不要生病，家庭關係又要好，這兩項其實已經很不容易，其他後面這幾項就很有趣了，現在科技化及網路發達之後，資訊流通快速的結果，是商品可以比較價錢、品質、功能，人與人之間的比較也增加了，所以一旦別人有你沒有，別人會你卻不會，自然而然就會削弱人的幸福感，而現代人就因為這樣的因素，必須手機一支換一支，網路遊戲別人在玩，你不玩就很奇怪，而現在科技網路的使用之中，讓使

用人的選擇權增加了，在網路上瀏覽的時候，可以選擇自己要看的畫面，尋找自己問題的答案，又可以互動，增加了主動權，社群網站的發展，也滿足了人類身為群體動物的一種，在分享或被肯定時的愉快感受，這些都能夠讓使用 3C 產品的人更願意繼續使用。

　　如何才能把「比」的幸福感，在生活中重新建立起來呢？現實社會中家人、師長、朋友，有沒有辦法在一定的範圍內提供每個人有選擇的機會？讓他們做自己想做的事情，去跌倒、去堅持、從挫折的地方再爬起來呢？回想成長的路途上，大多數的師長、家人，都為了擔心小朋友走錯路，而不斷的提醒、不斷的告訴他們所謂的「正確答案」，小朋友雖然少走了冤枉路，但也少了歷練的過程與一試再試的樂趣。

　　如果生活中充滿了挑戰，在接受挑戰的過程中增添了神秘與樂趣，依賴網路的情形會不會減少？如果每位

家長下班回到家中，願意與家人及孩子多些分享白天發生的事物，孩子也會覺得新鮮有趣，也樂得與父母親分享在學校發生的點點滴滴。那麼，會不會孩子因為無聊，而去接觸網路的時間就可以減少呢？

有人會不服氣的問：「如果網路帶來許多的便利，又能給人愉悅的感受，幹嘛不讓大家就繼續不斷地依賴網路呢？」因為我們的確發現很多依賴網路的人，最後都變得很不開心，原本發自內心的喜悅都變調了，不得不讓人檢視網路的合理使用，以及提早認識網路可能衍生的問題，在還來得及的時候，盡早處理這樣的問題。

幸福，其實是一種主觀的感受，但同時也受到許多客觀因素的影響。過去研究顯示：客觀因素不佳的人，可以在一定的範圍內，控制自己的感受，維持樂觀和幸福感。所以不一定要與他人比較，掌握自己的興趣，才能避免在科技時代下，淪為商人的科技產品的控制者，甚至不斷地與別人比較下，產生沒有上網，沒有使用科技產品，而老是覺得自己比不上別人而影響到幸福感。

你的判斷與行動，是自願還是被人牽著走

　　網路的使用，讓我們常常需要和別人比較，淪為電玩、商品、網路平台商所輕易操控的對象，漫天的資訊流，使用網路者很難加以辨別傳遞訊息者的「原始本意」。

　　正因網路使用者很難加以辨別傳遞訊息者的「原始本意」，以至於在有心人操弄下，很容易地作為群眾心理操縱者的工具，這點連專業及傳統傳播業者也忘塵莫及，甚至被迫必須要妥協、或表態追隨網路的訊息。

　　這股潮流，對於現代人的影響無遠弗屆，很難置身其外，資訊的洪流，讓使用者或是接觸者，要如何在第一時間，辨別這則訊息是否該去接觸、去了解，甚至選擇要不要被這個訊息所影響？去改變想法、產

生行動，或是對於未來的生涯規劃做修改等等。事實上，每個人的腦部心智運作容量是有限的，當訊息過多，超過負荷量承載，最常的表現就是感受到疲累，容易煩躁和生氣。幸福感也會下降，所以在使用網路之初，也應該考慮自己該不該使用，以及在使用之後，受影響的層面及可能受影響的範圍，是不是自己可以承受得起？會不會讓自己疲於奔命？

　　幸福的感受，雖然要靠自己經營與正向的想法，而幸福的確也會偽裝，網路的使用，有可能讓人短暫間享受到在眾多選項中，自由穿梭的掌控感、分享自我、隱匿身分大鳴大放，還可能成為操縱群眾心理的幕後將領……但是，我們的確要小心，不是每個人都有辦法長期成為主導的角色，大多數人都只是被動，或是不知不覺之中成為這股網路使用潮流下的普通使用者。

　　使用網路的人是你，但請保持清醒，別讓自己傻傻分不清的成為被下手「洗腦」的目標，你的人生幸福，從這本書一路看下來，與這波濤洶湧的網路海嘯密切相關，而你，是有所準備，才投身入網海的嗎？

第六章

學習和平共處

你還會猶豫或抗拒
使用網路嗎

　　正在職場工作的小葉忘不了第一次要開始準備使用智慧型手機的經驗，他說：「當第一次起心動念，準備開始使用智慧型手機時的理由，是多個 24 小時的隨身秘書也不錯，起碼不會因一忙起來而錯失一些事情。」大多數的人開始使用手機的時候，都知道將有一大堆的重新學習；就這樣大多數人從此掉入沒有它不行的生活。隨著學習的時間過去，它真的變成一位貼身秘書，不，是老闆，e-mail、電話、schedule，一切的一切都在手機裡！真不敢想像沒有它的日子該怎樣活下去？

　　不僅如此，透過智慧型手機，本來只有電腦能觸

及的網路世界，彈指間，竟然能穿梭撲朔迷離的網路世界。手指在智慧型手機上滑來滑去，就像橡皮人一樣，可以延伸到世界的每個角落。我不禁遲疑、猶豫，從舊世紀到新世界，不用憑著哥倫布的探險勇氣，也不需要去懷抱著尋找寶藏的夢想，一切就這樣自然的發生了。就像開車在路上，下意識駕駛和無意識滑手機暢遊網路世界，竟然都變成了「自動化」的生活一部分，潛意識的反射動作，不單是圍繞、甚至滲透進我們生活中的時時刻刻。

習慣是一件有趣的行為

小葉從來也沒有想過沒有手機會無法生活的日子，因為我們知道在進入習慣前，是有很大的機會給自己有些想法、各方面的考慮，還有很多的情緒轉折。這個時候，大腦必須多工處理，在理性上，會做優勝劣敗的選擇、會做趨吉避凶的考慮；情緒上，會因為過去的經驗，譬如從小生長的環境、父母教養的方式、曾經受挫的經驗，而改變行為與動機。

在一次又一次的心理歷程之後，大腦為了有效率

處理同樣的情境，開始將這樣的歷程做簡化，譬如只要看見一根草繩，就會當作曾經被咬的蛇，而立刻跳開，這是一種簡單式的反射。就像開車多年的老手，當你輕易開到目的地後，你都不知道是怎麼到達的。這樣自動化的歷程，幫助人類快速適應各種艱難的環境，一次又一次自動化的歷程，卻失去了許多心智地圖的初衷、珍貴的思考、完整的記錄，與考慮各種不同情況的應變想法。

　　而習慣使用網路，習慣使用手機，是科技文明的進步，節省了人類很多的時間，拓展我們的視野，延伸了感官世界，可是，我們也相對被這樣的習慣所控制了。你還會猶豫使用網路嗎？你還會想不用手機嗎？你確定你能掙扎抗拒幾秒鐘？你已經被征服了。

　　你曾想過當藝術家嗎？你曾想過拋開一切，去原野過生活嗎？你想做別人不敢做的事嗎？要不要嘗試不要用網路？敢不敢丟掉手機？大部分的人搞不好覺得丟掉老公、丟掉老婆，還比較容易一點。既然網路帶來了那麼多便利，為什麼我們還要想擺脫網路？就像許多老人的身體病痛一樣，既然甩不開、丟不掉，

就像擾人的耳鳴一樣，為什麼不能學習和它和平共處，甚至是如何掌控它呢？

你準備用網路來做什麼

當你第一次準備做一件事情的時候，你是怎麼想這件事情的？是不是應該要有所準備？想一想這件事情的目標是什麼？使用網路，一般人的遲疑不會太久，可能只是覺得別人用我就跟著用，或者是我不用就跟不上別人。所以網路也是一種趕流行，可是趕流行的同時，你是不是想要有自己的專屬品牌？有自己的品味？甚至是先做好功課、拿起型錄，精挑細選，比較價錢、比較樣式、比較性能，想想你到底要點什麼菜？

網路的創造者，告訴你可以這樣使用網路，他也期待你用不同的方式去探索網路，就這樣一來一往，一根手指一個按鍵、一個螢幕滑動、一個聲光刺激，你就被網路黏住了，而且黏得非常自然，愛得不得了，以為獲得無上的飛航自由。你曾回到原點想一想，確定還是要這樣趕流行嗎？可不可以有點自己的樣子？

而不是被網路牽著走。

　　當你忘記了自己身在何處的時候，要不要想想，你第一次使用的那支手機，你有多遲疑。

　　就在遲疑被融化前，你想了什麼？在靈魂被交付給網路前，還剩下僅有的自己在想著什麼？你還記得你是個有想法的人嗎？你還記得你是個有感覺的人嗎？你還記得你曾經說過，自己將是個與眾不同的人？你可以實現自我，但也可以保有自我，請記得隨時想想，你有一顆赤子之心！

網路的蝴蝶效應

　　小葉享受著用智慧型手機與人互動的感受，即時傳送照片，將身邊的美景與人分享，這是一件藉由分享而達到與其他人快速連結的一種方式。在餐廳裡，當菜色端上桌，看到熱騰騰的珍饈美味打動了人的感官世界，接收到你美食分享的友人，也忍不住要吞口水，甚至因為這樣，他可能因此要外出去買些吃的喝的來滿足自己，只因為看到了動人的照片。

　　所謂的蝴蝶效應，譬喻著從世界的這一端有一隻蝴蝶飛舞拍動翅膀，卻在世界的另一端引起驚濤駭浪。網路的蝴蝶效應，變成不只外在的環境產生變化，連內心都產生影響，所以當你說一句話、傳一段感受，或是傳一段影像，都可能激發出許多不同的行動。已經知道現在世界上各式各樣的革命行動，許多是由網

路所號召、串聯，而產生巨大的行動力，青年們的力量與熱血，幻化成一股洪流，在網路的脈動裡，打中了每一個接觸的人心。

當你接收到世界各地所傳輸來的訊息，這樣一個巨大的感官輸入及資料庫，給了你不同的眼光、不同的立足點，看同樣一件事情的不同角度。在一幅水彩畫裡，你如何去辨別每一個顏色、還有背後所代表的意義？又如何去看待各種色彩組合、變化出來的各種風景？這其實和許多因素有關係。

你知道大腦其實會用過去的經驗，來解讀現在所接收到的訊息；過去的成長經驗，無論是影像或是文字、氣味，甚至是感受，都會被大腦所記憶，而大腦的記憶為了要達到有效率的儲存，它會只記錄一些線索，分門別類散布在每個不同的區域儲存，這些線索就會拿來作為辨別日後各種類似訊息解讀的重要依據。

破壞包容與尊重的操控

小葉在網路的社群裡面和人意見相左，衝突之下，心情起伏，因此生悶氣，身旁的同事都不知道他出了

什麼事情，搞不清楚他身陷在社群網站的情緒關卡裡，因為大多數的人在社群網站中，都希望自己是絕對多數，別人對你的意見都是按讚，但是如果不是這樣的話，你能接受嗎？其實在網路上的意見相左其來有自，所謂一朝被蛇咬，十年怕草繩，就是因為過去把一個長條形的形狀記憶送到大腦，與害怕做連結，所以未來看到長條的形狀，就會產生懼怕的感受。

　　這樣一個反射的反應，在網路的使用中，也很容易在解讀訊息的同時，摻雜很多個人的情感、過去的經驗，所以有些人可能會對同一個事件產生不同的解讀，甚至有些人可能會往正向、有些人可能會往負向。這樣不一致的意見，原本在一個社群裡可能應該要被包容，並且尊重，但有時有些人為了達到操弄、操縱的目的，那衝突就在所難免了。

看待事情有不同的角度，並且從別人的角度去看待

事情，這是大腦裡面同理心的一種能力，在過度被簡化的網路訊息裡，資料混沌不明的背景下，其實很難針對一件事情去做討論而了解不同解釋背後的原因。

當人們習慣用簡化的圖或文字、甚至是符號之後，人們不需要去解讀複雜的事情，互動變得輕鬆許多，表淺而易懂的訊息沒有什麼負擔，拿來開玩笑、鬥鬥嘴、說說笑話，的確可以讓心情得到釋放。但這樣短暫的釋放，一旦放下滑鼠、一旦不碰手機，許多既有的問題或是原來的思考模式，就會再度呈現。

我在門診遇到很多人，心情不好的時候，覺得就去打一場電動，打到累了、想睡了，或者就在 Line 上面看看很多笑話，時間也就過去了，的確堪稱解鬱良藥；而到真實的世界之後，稍微理解便知道，總不能每天靠著這樣過生活，因此鬱悶的心情又再度浮現。當放下手機之後，現實生活裡是什麼樣的東西，才能取代你的手機，讓你紓壓解悶呢？

你曾經培養一些嗜好或運動習慣嗎？還是你有親近的人可以談心？那你曾經試過寫日記嗎？這些方式

或許都沒有使用手機來得方便，所以早就被你丟在一
旁了，甚至網路的聊天、在電玩裡運動，或是寫下自
己的心情故事，早就取代了這些舊玩意了。那這樣來
看，我們似乎連心理醫師都不需要了，只要有網路，
心情就變得自然又輕鬆了。

網路創造天堂，就會有掉下地獄的時候

過去研究顯示，憂鬱的來源，很多與沒有生活目
標、缺乏挑戰，和一成不變的生活有關係，而網路的
確可以讓你自我挑戰、設下目標、努力破關，充滿了
各種戰鬥力，打破了原本平凡又無聊的一般生活，堪
稱人類重要貢獻。

但，網路創造了天堂，就會有從天堂掉下來的時
候，當天堂裡的變化變成常態的時候，那你就等著從
天堂掉到地獄了。怎麼說呢？因為我們的大腦會產生
所謂的適應性，當習慣這樣五彩繽紛的世界時，你又
會想起一句話，叫做「入芝蘭之室，久而不聞其香」。
除非你養一個蔡依林或一個孫悟空，懂得七十二變，
你才會覺得有趣，這就是為什麼很多學者專家，希望

給小孩子留一片空白，不要太早讓他接觸繽紛的世界，那麼他有可能可以在未來遇到許多事情時，仍然覺得有趣，學習起來才會覺得開心。

視覺皮質的發展，有可能帶來許多快速吸收新知的方式，透過視覺上的學習，訊息的傳達變得格外的一目暸然，一切盡在不言中，而視覺恰巧是顏色、形狀、明暗、大小，以及物體的互動、距離及相對位置等等所組合的一種感官輸入，網路可以滿足最大的視覺刺激。

曾有這樣子的問題，一個盲人如何使用網路？他用網路時的感官刺激是不是跟一般人一樣呢？目前對這方面的研究還很少，一個眼盲的人會不會網路成癮啊？這可以為網路成癮的現象，提供病因學上的蛛絲馬跡。你如果繼續問的話，應該是問這樣眼盲的人，如果網路成癮之後，他會不會希望盡一切努力恢復他的視力？只為了可以一探網路的究竟。網路究竟是繽紛比較好，還是一片空白更有想像空間？

網網相連到天涯

「我家門前有小河，後面有山坡，山坡上面野花多，野花紅似火。小河裡有白鵝、鵝兒戲綠波……」

現在的年輕人回到家，其實搞不太清楚自己家長什麼樣子，他們家已經不是用牆壁圍起來的家，他的家是沒有界線的，所以一旦回家，是先想要進到那無盡寬廣的宇宙門戶——使用他的手機或者是電腦。

家，幾道牆壁圍起來的窩

到底什麼是家庭的概念？是那幾片牆壁圍起來的小窩，就會有家的感覺？有趣的是你可以發現，大部分的人在外面怎麼開心、在外頭有什麼成就、或者在外面有什麼挫折，還是會想回到他暱稱的「小狗窩」，這個「小狗窩」對一個人，到底有什麼意義呢？

在動物學上研究發現，在動物的棲息地可以提供溫暖、和安全感；許多動物寧可自己的棲息地是躲在非常不起眼、又破、又不是很堅固的地方，很重要的因素就是要維持一定的「隱密性」。可是使用網路，偏偏和這樣的概念是相反的，網路是將自己的思考、言語，開放在眾人的面前，這樣子還有什麼安全感可言呢？

到底家的概念是什麼，如何在網路上可以得到家的感受？如何可以讓自己得到安全感、保持一點神秘和隱私？我發現在網路上的行為，有非常多的年輕人利用的是一種「從眾行為」來掩蓋自己，只要選邊站，人云亦云就有機會把自己悄悄的藏起來。可是這樣的辦法可能到最後，還是發現自己和別人，有很多格格不入的地方。

因此就有部落格的出現，用一張張照片、字字心情來形塑自我，創造一個與眾不同的家。家其實是一座堡壘，通常以守勢為主，所以築起層層的高牆，是一個重要的策略，設下密碼，或寫有隱喻的字句，或模糊不清的圖片，都是保護這個家的方式。

可是每一個人都想要有一個漂亮，或者是一個很大的宅院，擴張領土是免不了的，所以不斷地在網路上發表意見，讓自己變成是領導者，讓他人來追隨。於是逐漸產生了創造許多粉絲的網路名人。到最後，也許家的概念，其實不是一個以物理空間為距離的一種領土範疇，而是一種理念認同，作為彼此連結的一種組織。所以，在網路上有一樣理想的人，他們可能互相支持及彼此心有靈犀，會比實際的家人，相處起來要更強烈得許多，於是打破原來家庭的概念。

既然家庭不再只限於原來的爸爸媽媽、兄弟姐妹這樣的血親關係，所以網路上的網友自然有可能重要性比爸爸媽媽還重要，他們才是真正意義上的家人。如果爸爸媽媽能夠理解這一點之後，就不會感覺到訝異，那才結交短短時間的網友，竟然有許多孩子可以為著他們逃家，甚至忤逆父母。

常有父母親每次來門診抱怨：「孩子和我都不親！」我通常會提醒這群父母親，要用心經營跟小孩的親子關係，可能你的概念跟小孩不同，但是要學著使用不批判的態度去包容他們要自由發展的想法，給予適當

的支持與討論的空間，小心呵護你們之間彼此相關的那一條線，才不至於讓其他的網友變得比你更重要。

這樣講很容易，可是實際做法會遇到什麼困難呢？家長大部分擔心的事情是全面性的，家人會擔心你是不是太晚睡，隔天會起不了床；會擔心你是不是功課沒有辦法跟上進度？也會擔心你將來要學測，之後的狀況如何？甚至擔心你畢了業將來找不到好工作……這都是家長在給予支持時，要全面考慮的事情。可是反觀網友呢？

網友可以不用管你的健康、也不用管你會不會被學校死當或退學、更不用擔心你將來要靠什麼一技之長吃飯。所以當他們支持你的時候，認同你的時候，不用有什麼負擔，也不用替你著想，就可以輕易給出他們對你的認同。

爸爸媽媽的確要向網友學習，給予孩子認同，管得

越少越好。因為根據心理的需求來看，人類的群體行為，有非常多人的成就感，是在於被肯定、被認同、避免覺得孤單。過去的傳統家庭提供了一個很強的後盾，在沒網路的時代裡，再怎麼樣小、怎麼樣髒的窩都可以提供一份家的感覺，可是現在的家庭已經面臨了網路的威脅。

網友形成家庭強大的競爭者，傳統的家，已經比不上在網路上可以得到的溫暖，父母所給予的眼神、對他的肯定以及關懷，已經比不上在網路上被按讚的威力，所以傳統家庭概念受到強大的威脅。想到這樣的問題，父母親就知道要急起直追，跟那無形的、龐大勢力的敵人，決一勝負！父母決定要捍衛自己的家園嗎？那最好先想一想，家中每一個人的家，現在在哪埋？你才能摸清楚孩子的底細，辨別出你的敵人在哪裡。

還有機會挽回跟小孩的相處嗎

不要把矛頭指向孩子，也不是去割斷連結孩子和

網友的那道線，重要的是小孩與網友之間，提供了些什麼很重要的線索，得到這樣的資訊可以了解你的孩子心理面真正的內心需求是什麼？他煩惱的是什麼？他與對方分享的開心是什麼？反過頭來看看你和孩子間的連結，這一端的線，為什麼是這麼的薄弱？是你這邊少了可以和孩子連結的點嗎？你總是批判小孩嗎？讓他不敢跟你講心事，讓他不敢跟你說學校發生的事？讓他不敢跟你說他自己做錯的事，甚至他傷心難過都不敢找你哭訴。是你一向只注重功課，忘了你的孩子也是一個人，他有很多的想法可能和你不一樣，不能因為老是擔心他，就不斷地想糾正他，讓他最後斷了跟你維繫的這一條線。

　　如果你的小孩，都是回家就躲進房間、上網聊天，那就是代表你要更加努力了，努力培養你僅存的一點親情，想辦法讓親情升溫，讓它茁壯，讓它像個家。

當 24 小時服務，長相左右

　　若你要換支新手機時，會考慮這款新手機應用到哪些新科技？過去手機業者號稱「科技創造需求」，還不知道消費者喜歡什麼的時候，這些業者可以從跨領域的學習中，創造新的消費者需求，讓一般的消費者可以體會更方便的服務，不管是從「人因科技」或是「流體曲線」，種種和過去剛性的科技感完全不同，可是現在當所有的需求被滿足後，業者腸枯思竭，已經難想出來，要消費者如何因驚豔而願意從口袋掏錢出來，汰舊換新買支新手機。

　　所有的手機業者進入一陣硬體廝殺後，改以社群、互聯網，或是手機金融消費等等軟體的服務與科技結合，所以 7-11 的 24 小時式服務，都在你的掌握之中。有朋友問我：「換手機要換哪一種？」我會半開玩笑的

回答：「乾脆把你的手，換成手機好了。」

　　其實說真的，手機已經黏在手上，所有保守的人都在煩惱，包括兒童心理發展學家也在擔心：萬一手機變成寸步不離的工具時，會不會人類的行為被手機所左右？所以如果給你許個願，心目中的完美手機會長什麼樣子呢？手機已經完成了人類許多夢想，軟硬體結合之後，似乎人類的行動就產生變化，心智的活動也產生改變，你還想要手機幫你做什麼事呢？

　　許多有前瞻性的企業，已經發展出來各種軟體工具，讓想要實現自己夢想的青年人使用他們的工具，利用這個夢想來產生財富。譬如 APP 軟體開放給人去創作，甚至許多國家提供大量的補助，為的是期望新一代能夠跟得上這股 3C 的熱潮；連傳統的英國，都挹注大量資金補助，使用科技來改造傳統金融。可以想見，幾乎沒人能置身於「網路改造時代」之外，連阿公阿嬤每一個人，都要應兒孫要求，拿個手機玩 Line；連醫院查房，都要用電子病歷，所以醫生查房的時候，拿起手機來查看你的檢查數據，傳送給其他專業人士做彙整已經是常態。手機可以偵測你的心跳血

壓，上傳到雲端做記錄，在危急的時候發出警訊，通知你的醫師或是家人來處理；手機也可以偵測位置，讓失智的病人不會再走失難尋。

　　智慧型手機既然有這麼多好處，那守舊派、師長、父母、學者，擔心的是什麼呢？下一代急遽的改變！害怕下一代極度依賴、害怕所有市場導向全部都是以它為主，當大家手機一支換過一支，所有的玩具可能對消費者都不再有吸引力，這件事情怎麼辦？於是有人想出來一個辦法，就是讓人再多買一支手機。

「心流」，這樣的潛意識活動

　　當人類熟悉一件事務時，執行事情的模式自動化，稱之為「心流」，這樣的潛意識活動，讓我們可以快速因應各種狀況，也可以不費吹灰之力的駕馭各種發生的情況，它可以節省思考的時間和能量，可是這就會讓人一直處在舒適圈內。

　　回想你在學習如何使用智慧型手機的時候，差不多要幾個禮拜的時間才能上手？可是當你買第二支手機時，幾乎完全不費吹灰之力便能操控自如，這樣的

情況讓人不禁想到，到底是人控制手機？還是手機控制人？彷彿就是在腦子裡面被植入了一個自動化的程式，好險的是，目前蘋果公司或三星公司沒有任何的惡意，企圖操縱人群，否則許多電影裡面所演的情節，是真的有可能發生。

　　當考慮上述使用情況所帶來的方便，你在選擇第二支手機的時候，有可能選一支完全不是智慧型的手機嗎？你會想到，曾經遭受過智慧型手機的控制，或受到它的危害嗎？你會擔心自己沒有智慧型手機不行嗎？會覺得智慧型手機主宰了你嗎？還是你會義無反顧的，第二支手機，還是一支智慧型手機。現代人還是有很多人拒絕帶手機，拒絕使用智慧型手機的人，大有人在，這些人難道真的比較健康，比較快樂嗎？他們大腦的結構是不是真的和慣用手機的人有所不同呢？目前有許多的研究正在進行當中。

心流現象，就是一種不自覺的行為模式，智慧型手機與網路的連結，所提供的思考以及反射式行為，甚至是因為便利性所帶來的不假思索，都有可能讓原來人類在複雜心智活動中的每一個決策點，都變成反射動作，以及缺乏時間醞釀與反省。

役物或為物所役

　　第二支手機，還是不經思考地去購買智慧型手機的同時，就像餓了想要吃飯一樣，感覺上是很自然的反應。不過，過去的人是不能沒有東西吃，卻是可以沒有手機的；但是為什麼現在的人一定非要有手機不可呢？當你的小朋友已經為了手機跟你吵翻天的時候，這時候跟你說他還要買第二支手機，而且是同樣的手機，你會再買給他嗎？大部分的父母親會說：「是，那不然怎麼辦？」這樣子的行為模式，就變得通通不假

思索了。

　　沒有人有機會去想想，到底手機是怎麼樣的佔據了我們的生活？成為生活的重心？也有人曾經想過，到底手機是一個主體，我們是客體，還是這主客體的關係其實是自己所造成的，是你讓手機來帶領你，就像喝完第一瓶酒的人，要去買第二瓶酒，或是第一次蹺課蹺家，決定第二次蹺家蹺課，就變得容易多了。路要彎著走，還是直著走？直著走有時候會太快到達目的地，而沒有來得及欣賞旁邊的風景，晃來晃去的時間，會讓你的旅程變得更有意義，你的情感與周遭的事物衝撞，會激發出不同的創意，人生也會更有趣，下次在買手機之前，你準備再多想一下了嗎？

如果你沒了手機

　　如果有人拿起一把剪刀，剪斷你和世界連接的線，你會不會恐慌發作？送到急診室，被以為是心臟病發作，然後又找不到原因；於是先找個民代施壓，幫你安排心臟超音波，發現又沒事，於是又再找個立委加壓，幫你安排電腦斷層，結果還是沒事，最後心不甘情不願的被轉到身心科找我這位葉醫師，這時候你一臉無辜地看著我：「請問我來這裡幹嘛？」

　　我這時候就會問：「請你回想，你第一次用手機的時候……」於是這個病歷開始溯源，是要從第一次用手機的時候開始？還是從病人拿起剪刀，想剪掉這些身不由己的資訊紛擾開始？你有勇氣拿剪刀嗎？剪刀剪斷的是什麼呢？是你和所有人的連結嗎？還是把自己從正常人變成怪人？還是你向來都拒絕當一個正常

人、不想使用智慧型手機？

孤獨是什麼感受

　　你還記得小時候，一個人在沙堆裡面玩，一個人聚精會神堆積木、玩玩具；還是、你曾經一個人，踢著路上的石頭，一路獨自走回家，享受長時間的自我，享受四下無人的空間。找一個沒有人能夠找得到你的地方，不是一直都是很多人的夢想嗎？讀過三毛小說裡描述的撒哈拉沙漠世界，享受著天地我合一的境界，變成是現在生活裡面的你我不可求得的情境，就算遠在西藏高原，你的老闆還是可以用 Line 指揮你做事。

　　小我大我的連結，兩者的互動是很微妙的，偶爾依附著大我，你有一種安全的感受，有一種依附的關係，讓自己不至於被邊緣化。可是，難免又想要擁有獨特的自我與孤獨的時空，現代的科技可以發明軟體，來獎賞那些可以放下手機的人，可是在於成癮行為的養成過程中，控制力的薄弱與自我意識的淪落，通常是最後導致人類被物質控制的一種惡性循環。現代的心理學，講究禪學中的「自我察覺」境界，利用自我

察覺來面對自己，已經成為自動化行為背後養成的因素。怎樣可以知道自己已經成癮了呢？

如果你曾經有過戒斷的症狀，譬如說不用它的時候就會感受到不舒服的感覺，甚至每次要用它的時候，都會比預期所用的時間要多，甚至會影響到你該執行的任務，這時候你就要小心，它已經控制著你的生活。

如果說，你曾經試圖要改變，而這樣的改變是失敗過的，那你更要小心它對你的影響可能是與日俱增，如果能夠察覺到自己的弱點，是沒有它不行，那麼你就有可能有機會改變，最怕的是，否認自己沒有它不行，那這樣的拒絕就可能很難做行為上的調整。

當你察覺到自己自動化的歷程，那麼你潛意識的想法就會被意識所察覺，而意識是大腦控制力的來源，一旦你察覺了，那麼就有機會被控制，雖然這樣的控

制不是一個非常具體，有著行為階段性的模式，可是不知不覺的，它就會幫忙你去做更正，去做校正。就像我在減肥門診裡常常想要幫忙減重的人，我會要他每天量體重，如果他能夠每天知道自己的體重，他就有機會在潛意識去做約束，完全不用別人苦口婆心地去交代他事情，這在行為治療上是目前非常主流的治療學派。

沒有手機行不行

　　當你了解到自己也被手機所牽著走的時候，大腦就會告訴你：「試試看加以約束自己被牽制的狀況。」除了上述幾個方法可以檢測自己是不是被控制這件事情，也可以簡單的問自己：「如果我沒有手機行不行？」你就會了解它對你的影響。現在有許多的影片，播放小 baby 拿到手機的開心表情，與被剝奪之後又哭又鬧的對比，不敢想像的是，當這樣的小朋友長大，跟父母要支手機，敢不給他的狀況。

　　假如你沒有手機，日子會比較單調無趣，會沒有人可以說話，也不知道別人在幹什麼，讓你的重心從

別人、從事情、從物體回歸到自己，回歸到自己的狀態，其實是很可怕的。大部分人的自我，都跟外界有關聯，每一部分的自己，都藉由與他人的連結而產生形象以及價值，如果缺乏了這一層連結，自我的價值就會沒有鏡子可以反映，也許就會失去了自我價值。

許多文人隱士，都是回歸到自我後，才產生很多與眾不同的創作以及參悟人生很多的禪機；甚至在孤獨的狀態下，創造很多哲理。所以獨立性的思考，以及不受他人的干擾，一種沉靜的狀態，可能是現代人所渴望，卻又難以做到的。

現在的國小、國中、高中生，被規定不能帶手機上課，惹來許多家長及學生的抗議，許多學校的學生更是偷偷的放在書包裡，老師也睜一隻眼閉一隻眼，讓學生找機會偷偷的使用。真不敢想像如果校園裡每

一個班上的同學，都在低頭滑手機，沒有人聽老師上課，沒有人與同學互動，甚至沒有人在意別人，這樣的校園，會是怎樣的狀況？

在大專院校，學生上課滑手機早已是不爭的事實，上課的老師，只要能看到幾雙對你還專注的眼神，甚至給你幾個微笑，你就應該要偷笑了。到底該不該在校園管制手機？必須回歸到一個人基本上對他人的尊重，以及對自我的負責，這樣的說法會不會太沉重了呢？

「嬰兒無限大」的心理學概念

　　人類的動物本能，是無盡地擴張自己，要求四周的人來滿足自己，當自己為中心的時候，彷彿周遭的一切都是為你而存在。

　　嬰兒哭泣的時候，意思就是：「媽媽妳要來服侍我，必須找出我給妳的難題，到底是我的尿布濕了？還是餓了？還是我的屁屁癢癢了？還是我只是不爽，要妳過來！」嬰兒無限大，這樣的心理學概念，就在人生的旅途上不斷地擴張，受到挫折，最後變自我約束，與環境妥協，與他人妥協而邁向成熟之路。

　　小朋友喜歡得到老師的讚賞、同學的掌聲。得到乖小孩的小星星，集五個可以換一個獎牌，就像給跳出水面的海豚賞一條魚般。我們的環境和父母親，在訓練小孩的過程中，要求他們去達成目標，做自我管

理，當考卷上開始被要求寫上姓名的時候，他們也開始學習到，被發回的考卷上面的分數，是和他這個人的努力有關係，所以必須不斷地努力，換得到更好的成長與回饋，就在接下來的求學歲月中展開。

Facebook 的按讚

同樣的，當你發現你的 Facebook 被按讚，有人開始討論你所發起的話題，或是有人參與你的社群，令人感到開心與鼓舞。可是當別人在咒罵、批評你，給予你不同意見的時候，你是如何看待他與你之間的關係？

網路提供了絕佳的安全度與匿名性，保護發言人可以不用為自己負責，所以輕易地在網路上發表自己的言論和想法，做一個實驗性的試探，就像把石頭丟到一個原本寂靜的池塘一樣，它可以激起的是一圈圈漣漪，也可以是驚濤駭浪。從這樣的反應中，於是你學會更成功有效率地去使用網路。

除了運用網路的力量來試探自己的想法，以及網路保護匿名者的特性，不用負擔責任的去做試探性行

動，變成一股強大的力量。許多行業特愛這種操控，政治上的操作、商業上的置入性行銷或不實廣告，都不需花太多成本而可以獲得巨大利益，甚至也可以規避法律的約束。所以網路的無限想像空間，也滿足了追求自我、希望無窮，以及無限大的需求。

在自我無限大的前提下，其他周遭的人事物都只是相應而生的附件而已，人與人之間的負責任、相互尊重就不見了。真期待有這麼一天，網路可以在提供一個無限的想像空間及發展的同時，也能夠給予適度的約束與回饋，這樣追尋到的自我，才會是一個比較成熟的自我，而不是一個以自我為中心、只求自我滿足的情形。

在網路上的人際互動中，大多數人渴望的是他人對於自己全面性的贊同，而沒有任何負向的批判；這樣不切實際的希望，在剛開始使用的人很常見，以為網路是

一個可以隨意發表意見的場所。不巧的是，可能會留下紀錄或是招來毀滅性的詆毀與攻擊，這時候也有非常多的人會瞬間從自我無限大，墜落到暗無天日的悲觀、憂鬱。

　　水能載舟亦能覆舟，在網路上許多翻車的人，都跟不當的使用有關係，可能過度的投資或是被網路詐騙，或是被網路霸凌，大多數的原因，可能跟沒有細查和不合理的期望有關聯。許多人以為只要使用網路就可以不用負責任，也有很多人被無情的批判而打敗，其實我們知道真正能打敗自己的，只有自己。

　　合理地給自己設下目標，逐一地踏實執行每個細節，檢視自己的挫折，從中間學到教訓，繼續成長，再往下一階段邁進，是我們在現實生活中追求自我實現的步驟。同樣地，在網路的世界，如果能夠依循這樣的程序，就有機會減少錯誤，或是減少風險。在網路中使用匿名的情況，攻擊他人或設下陷阱，已經有網路刑警來加以偵防，可是真正有用的，是一個人應該要學會為自己的行為及言論負責。這樣萬一遇到挫

折或打擊時，才會從其中學到教訓，才有辦法自我成長，如果一直使用逃避的態度，或不負責任的方法來使用網路，不僅會讓自己走向非預期的結果，我們也擔心這樣的方式最後追求來的，並不是當初想像的爽快、或是大富大貴，而是讓自己在現實中所辛苦建立的信用破產。

給自己按個讚吧

　　請試著學習如何可以不要在別人的掌聲中長大，不需要別人的讚賞也可以開心地生活，不需要點閱率來拉抬聲勢，你也可以勇敢地做自己。

　　網路就像一個平台，提供你學習的環境，可以在中途不小心地摔倒，接受自己的錯誤，並且學習承擔責任，前提是，你必須願意對自己負責。我看到非常多的大學生、青少年，甚至是成人們，都築有一個「網路夢想」的藍圖。夢想提供了想像的空間，可是卻沒有人告訴他們應該怎麼樣用負責任的態度去使用網路，只是一味地追求一個不切實際的目標。

　　可不可以有機會讓他們學習到分段設定目標？先

設一個簡單可達成的目標，然後用簡單的步驟可以達成，再設下一個目標，否則的話，就像現實生活中眼高手低的人，常常會運用冒險的方式，去做不實際的事情，成功的機會就少很多了，反而可能會傷害到身邊的人，最後連自己也賠進去了。在追求自我的過程中，使用網路是一個便捷的方式，可以滿足各種需要，可是這樣的需要是不是虛幻、浮誇、經不起考驗的，這就要看你當時用什麼樣的方式來使用它。

親愛的朋友，你真的可以試試節制上網，別不停滑手機，也是可以生活的；世界，依然在你身邊如常轉動；真的！

國家圖書館出版品預行編目（CIP）資料

SOS，3C成癮怎麼辦 / 葉啟斌著.-- 初版. --
臺北市：大塊文化, 2016.01
　　面；　公分.-- (care ; 41)
　　ISBN 978-986-213-680-5（平裝）

　　1.網路使用行為 2.網路沉迷 3.心理治療

312.14　　　　　　　　　　104027235

CARE
Good Care ,
Good Living

CARE
Good Care,
Good Living

CARE
Good Care ,
Good Living

CARE
Good Care ,
Good Living